材料与化学实验室安全教程

主　编：陈艳丽
副主编：赵云峰　刘德宝　张志明

U0249374

南開大學出版社
NANKAI UNIVERSITY PRESS
天　津

图书在版编目(CIP)数据

材料与化学实验室安全教程 / 陈艳丽主编；赵云峰，刘德宝，张志明副主编. — 天津：南开大学出版社，2025. 1. — ISBN 978-7-310-06654-4

Ⅰ. TB3-33;O6-37

中国国家版本馆 CIP 数据核字第 2025EA4611 号

材料与化学实验室安全教程
CAILIAO YU HUAXUE SHIYANSHI ANQUAN JIAOCHENG

南开大学出版社出版发行
出版人：刘文华
地址：天津市南开区卫津路 94 号　　邮政编码：300071
营销部电话：(022)23508339　营销部传真：(022)23508542
https://nkup.nankai.edu.cn

天津泰宇印务有限公司印刷　全国各地新华书店经销
2025 年 1 月第 1 版　　2025 年 1 月第 1 次印刷
230×170 毫米　16 开本　14.5 印张　258 千字
定价：58.00 元

如遇图书印装质量问题，请与本社营销部联系调换，电话：(022)23508339

前 言

高等院校承担着为各行各业输送合格人才的任务，对学生进行专业安全知识培训和实践是高等教育中重要一环，能够显著提高学生的安全意识和防范技能，是实现“安全第一、预防为主”方针的第一步，是坚持人民至上、生命至上的具体体现。

《材料与化学实验室安全教程》旨在帮助读者，尤其是材料、化学、化工及环境相关专业的学生，建立扎实系统的安全知识体系，提高安全意识和实操技能。全书共分九章，分别是：实验室安全管理及常识，个人防护装备，静电、激光及辐射防护，事故应急处置，危险化学品分类与处置，化学品安全防控、贮存与运输，实验室废弃物处置，气体安全使用，水、电及仪器使用安全。本教材内嵌了与实验室安全密切相关的资料、表格及培训 PPT 等材料的二维码，供读者下载使用。

为了让读者更直观地了解安全事故的严重性和后果，加深对安全知识的理解和重视，本书编入了经典的事故案例，并附有详细的案例解析，帮助读者思考在类似情况下如何应对，避免潜在的安全风险。2020 年 5 月，教育部印发了《高等学校课程思政建设指导纲要》，该纲要对高等学校课程和教材都提出了更高的要求。以该纲要为指导，本书在每章最后融入了关于课程思政的思考，旨在将专业知识与思政教育相结合，引导读者从更深层次理解所学安全知识在以后生产生活中的重要性，同时培养学生的社会责任感和家国情怀。

本书由天津理工大学材料科学与工程学院陈艳丽担任主编，赵云峰、刘德宝、张志明担任副主编。本书的编写基于编者在实验教学、实验室安全管理、课堂教学、安全培训等教学环节十余年的经验和资料积累，并参考了国内外各高校安全知识培训、准入考试、实验室安全巡查等相关书刊资料。

本书在编写过程中，得到了天津理工大学材料科学与工程学院及党委、功能材料国家级实验教学示范中心、天津理工大学教材建设基金、天津理工大学保卫处和南开大学出版社各位专家与学者的鼎力支持和帮助，在此深表感谢！

我们希望本书的出版能够对提高广大读者的安全意识和应对能力产生

积极的影响，为推动安全教育和安全管理工作的发展作出贡献。由于编者学识有限，书中难免存在不足之处。我们真诚地欢迎读者提出宝贵的意见和建议，以便我们不断改进和完善。

编者

2025 年 01 月

目 录

第 1 章　实验室安全管理及常识

1.1　实验室安全风险分析

1.1.1　海因里希法则

美国著名安全工程师海因里希（Herbert William Heinrich）提出海因里希法则（Heinrich's Law），即“事故金字塔”（Accident Pyramid）模型。如图 1-1 所示，这个法则指出在机械生产过程中每发生 330 起意外事件中，有 300 件未产生人员伤害，29 件造成人员轻伤，1 件导致重伤或死亡。

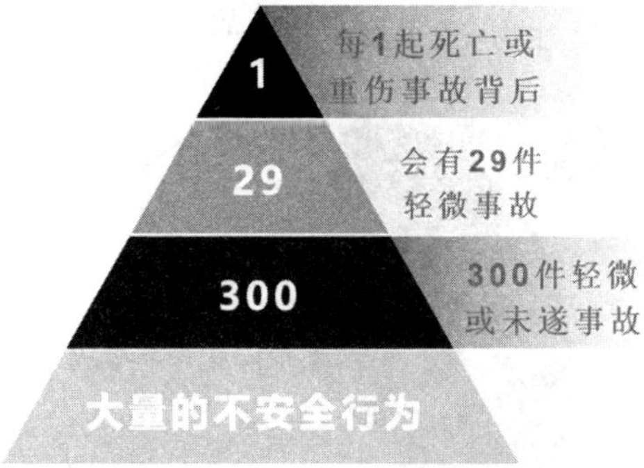

图 1-1　海因里希事故金字塔模型

海因里希法则具体解释如下：

（1）轻微事故（Minor accidents）。在事故金字塔中有大量的轻微事故，这些事件通常只导致轻微伤害或没有伤害。这些事件通常是由违反安全规程、不良操作或其他人为因素引发的。这些轻微事故是完全可以避免的，它们是预防事故的突破口。

（2）重大事故（Serious accidents）。在事故金字塔的中间是较多的重大事故，这些事件可能导致重伤或失能。这些事件通常是由更多的较轻微事故引发的。重大事故通常是由多个较轻微的事故累积而成的，因此需要重视对轻微事故的预防和控制。

（3）致命事故（Fatal accidents）。在事故金字塔的顶部是少量的致命事故，这些事件通常导致严重的人身伤害或死亡。这些事件通常是由多个较小事故累积引发的。这些致命事故是工业生产中的严重后果，需要采取更加严格的安全措施来预防和控制。

根据海因里希法则，事故金字塔底部的轻微事故数量远远超过重大事故和致命事故数量。因此，预防和妥善处理轻微事故是防止严重事故和伤害的关键。通过分析和避免轻微事故，可以降低发生重大事故和致命事故的风险。

1.1.2 实验室安全事故统计分析

根据《基于150起实验室事故的统计分析及安全管理对策研究》对1986—2019年150起实验室安全事故的危险因素进行统计学分析。如图1-2所示，150起实验室安全事故危险因素发生比例从高到低依次为危险化学品事故（62.00%）、仪器设备事故（23.33%）、线路安全事故（8.00%）、生物安全事故（4.67%）和其他事故（2.00%）。①

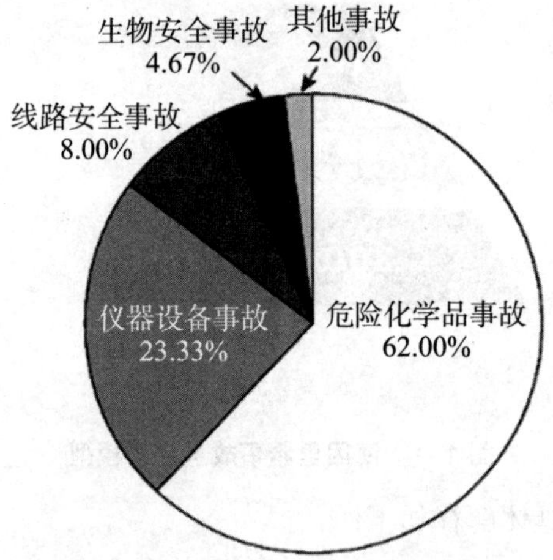

图1-2 1986—2019年150起实验室安全事故危险因素发生比例

根据1986—2019年150起实验室安全事故原因及造成的伤亡人数（表1-1）的统计结果，可以得出以下结论：

（1）操作不慎或使用不当及违规操作是引发事故的最常见原因，分别占

---

① 陈卫华，赵月华，王宁，等. 基于150起实验室事故的统计分析及安全管理对策研究[J]. 实验技术与管理，2020，37（12）：317-322.

事故总数的 22.67% 和 21.33%。这体现了操作规程和安全制度在实验室环境中的重要性。任何违反规定或操作不当的行为都可能导致严重后果。

（2）设备老化、故障或缺陷是另一个重要因素，占 12.67%。这表明实验室设备需要定期维护和检查，以防止因设备故障或缺陷导致的事故。

（3）危险化学品存储不规范也是一个关键的问题，占 12.67%。这涉及实验室危险化学品的正确存储和处理，如果没有按照相关规定进行，可能会引发严重的安全问题。

（4）线路老化或短路是一个不可忽视的问题，占 7.33%。需要定期检查和维护实验室的电气设施，防止可能引发的火灾或其他安全问题。

表 1-1　1986—2019 年 150 起实验室安全事故原因以及造成的伤亡人数

事故原因	事故数/起	比例/%	伤害人数/人	死亡人数/人
操作不慎或使用不当	34	22.67	38	2
违规操作	32	21.33	16	2
设备老化、故障或缺陷	19	12.67	13	0
危险化学品存储不规范	19	12.67	20	7
线路老化或短路	11	7.33	0	0
废弃物处置不当	7	4.67	4	1
生物安全	7	4.67	242	0
实验室管理意外	4	2.66	0	3
反应失控	3	2	2	0
未知原因	14	9.33	19	0

（5）废弃物处置不当占 4.67%。这意味着实验室废弃物的处理和管理也需要重视，以防止对环境和人员造成伤害。

（6）在动物实验方面，未检疫或未消毒的动物也可能导致事故，占 4.67%。这也强调了实验室在进行动物实验时需要遵循严格的检疫和消毒程序。

（7）实验室管理意外占 2.66%。这说明实验室管理层面的失误或其他意外情况也可能导致事故的发生。

（8）反应失控占 2.00%。这可能涉及实验室化学反应或其他实验过程中的失控情况，如果不及时干预和处理，可能会引发事故。

上面这些数据表明实验室环境中的安全问题多种多样。除了常规的安全培训和操作规程执行外，也需要定期对设备和设施进行检查和维护，严格遵守危险化学品的存储和处理规定，以及合理处理废弃物和动物实验的检疫与消毒工作。同时，实验室管理人员也需要提高安全意识和管理水平，以避免事故的发生。

1.2 实验室及相关人员的职责

1.2.1 机构管理人员职责

作为提供教育和培训的机构，实施安全培训并建立各级单位的实验室安全管理规定，可以最大限度地预防和减少实验室安全事故的发生，保障学生和教职员工的安全和健康。下面是制定和实施实验室安全管理规定的一些建议。

（1）制定实验室安全管理规定。根据《中华人民共和国安全生产法》和《中华人民共和国刑法》的相关规定，制定符合本单位实际情况的实验室安全管理规定。规定应包括实验室安全管理制度、实验室安全操作规程、实验室事故应急预案等内容。

（2）实施实验室安全培训。针对实验室安全管理规定，编写相应的安全培训计划和教材，组织学生和教职员工参加培训。培训内容包括实验室安全基础知识、危险化学品知识、应急救援措施等内容。培训结束后，应对参训人员进行考核，确保他们已经掌握了相应的安全知识和技能。

（3）建立实验室安全责任制。根据《中华人民共和国安全生产法》的规定，建立实验室安全责任制，明确各级单位和人员的责任和义务。实验室负责人应全面负责实验室的安全工作，制定安全管理制度和操作规程，并确保其有效实施。

（4）定期检查实验室安全设施。定期对实验室内的设备、设施进行检查和维护，确保其正常运转和安全性能。对于存在安全隐患的设备或设施，应及时进行维修或更换。

（5）强化实验室废弃物管理。根据《中华人民共和国刑法》的规定，对实验室产生的废弃物进行分类、处理和管理。制定废弃物处理流程，确保废弃物得到妥善处理，避免对环境和人员造成伤害。

（6）加强应急救援措施。根据《中华人民共和国刑法》的规定，制定实验室事故应急救援预案，并组织演练。应急预案应包括事故报告程序、应急救援措施、人员疏散办法等内容，确保在事故发生时能够及时、有效地进行救援。

本书提供了一份实验室安全培训 PPT 演示文稿，读者可扫描二维码 1 下载获取。实验室安全管理规定模板可扫描二维码 2 下载获取。上述资料可以根据本单位的实际情况进行修改和完善。此外，还可以参考国内外相关法规和标准，以及专业书籍和文献等资源，制定更加全面和详尽的安全管理规定。

为加强本单位实验室安全管理，保障师生人身安全和学校财产安全，根据国家及学校相关安全规定，结合本单位实际情况，系（所、中心、课题组）负责人可签订实验室安全管理责任书。实验室安全管理责任书模板可扫描二维码 3 查看或下载获取，并根据具体情况和要求制定。

二维码 1：实验室安全教程 PPT

二维码 2：实验室安全管理规定模板

二维码 3：实验室安全管理责任书模板

1.2.2　学生及科研人员的责任

学生及科研人员有责任在实验室和科研工作中确保自己和他人的安全，学生及科研人员在实验室和科研工作中的责任包括：

（1）遵守安全规定和程序，包括正确使用实验设备和工具、正确储存和处理化学品、穿戴适当的个人防护装备等，不得违反相关规定或程序。

（2）发现实验设备出现故障、化学品泄漏或其他安全问题，应立即报告给实验室负责人或相关人员，不得隐瞒或私自处理。

（3）定期检查实验设备的状况，确保设备正常运行，可扫描二维码 4 查看或下载实验室安全隐患排查对照表来排查隐患。

（4）在实验过程中，保持警惕，注意实验环境的安全，并遵循正确的操作步骤，不得擅自更改操作程序或实验条件。

（5）积极参与安全培训和教育，掌握必要的安全知识和技能，了解和熟悉相关的安全规定。

（6）服从实验室负责人或相关人员的管理和指导，不得擅自行动或违反实验室安全管理规定。

（7）积极参与实验室安全事故的应急救援和处理工作，尽最大努力确保自己和他人的安全。

二维码 4：实验室安全隐患排查对照表

1.3 实验室安全培训

1.3.1 实验室安全培训内容

实验室安全培训非常重要，因为实验室环境涉及各种潜在的危险源，如化学药品、生物材料、放射性物质等。以下是实验室安全培训应涵盖的内容。

（1）实验室安全基础知识。培训应包括实验室安全的基本概念、规章制度和操作规程，以确保员工了解并遵守实验室安全规定。

（2）化学药品安全。介绍化学药品的分类、储存、使用和处置等方面的安全知识，以及防止化学药品泄漏和意外事故的措施。

（3）生物材料安全。针对涉及生物材料（如微生物、病毒、细胞等）的实验室，应提供有关生物材料的安全知识和操作规程，以防止感染和交叉污染。

（4）放射性物质安全。培训应涵盖放射性物质的特性、分类、储存、使用和处置等方面的知识，以及防止放射性物质泄漏和意外事故的措施。

（5）实验设备安全。介绍实验设备的正确使用、维护和检查方法，以确保设备的安全运行，防止设备故障或操作不当导致的意外事故。

（6）个人防护措施。培训应强调个人防护的重要性，包括穿戴适当的防护服、防护眼镜、口罩等个人防护用品，以及在实验室内如何避免交叉污染和感染。

（7）应急处理措施。培训应包括应急处理措施，如火灾、泄漏、感染等紧急情况的应对方法，以及紧急撤离和疏散的程序。

（8）安全文化培养。强调实验室安全文化的重要性，培养员工的安全意识，使员工自觉遵守实验室安全规定，积极参与实验室安全管理工作。

1.3.2　获取安全培训证书

安全培训证书通常由实验室管理部门或相关机构提供，要求人员参加培训课程并通过相应的考试。取得安全培训证书是进入实验室的前提，以确保人员具备必要的安全知识和技能，从而保护自己和他人的安全。安全培训证书如图 1-3 所示。

安全考试准入证书

姓名：　　　编号：

在工程训练|学生安全教育考试中获得90，考试通过。允许进入实验室。

实验室安全关乎校园安全、关乎每个人的人身和财产安全，维护实验室安全是每个人的责任。新冠肺炎防疫期间，为维护实验室安全，本人郑重承诺

一、认真学习和遵守学校、学院各项安全管理规章制度，自觉学习安全知识。

二、在实验室工作期间保证遵守实验室安全管理制度和安全操作规程。

三、开展实验前应充分了解实验过程中的可能风险，进行实验期间采取必要的防护措施，加强个人防护。

四、实验结束后，应及时切断水电，保持室内清洁卫生，离开实验室前关闭门窗。

五、实验时若发生安全事故，立即安全撤离，并保护事故现场，及时向实验室负责人报告。

六、若本人未遵守相关规定，因违规造成安全事故，愿意接受学校和学院相应的责任追究。

七、本承诺书有效期至承诺人完成学业，办结离校手续后自动终止。

所属单位：材料科学与工程学院　　组织单位：天津理工大学保卫处

2022年08月27日

图 1-3　安全培训证书示意图

1.4 实验室日常管理及行为规范

1.4.1 实验室日常整理

实验室日常整理是一个重要的任务，它有助于保持实验室的整洁和安全，提高工作效率。以下是实验室日常整理方面的一些建议。

（1）实验结束后及时清洁。实验结束后，实验人员应该立即清洁工作台、仪器设备和器皿，并按照规定将它们归类放好。

（2）废液处理。无机、有机溶剂和腐蚀性液体的废液必须盛于废液桶内，并贴上标签，以方便日后统一回收处理。

（3）离开实验室前的检查。在离开实验室前，实验人员应该关好门窗、水龙头，断开电源，并清理场地。

（4）定期清洁和维护。为保持实验室的干净整洁，必须坚持每天一小扫、每周一大扫的卫生制度，每年彻底清扫 1 至 2 次。

（5）实验室布局合理有序。实验室整体布局须合理有序，地面、门窗等管道线路和开关板上无积灰与蛛网。

【案例分析 1-1】实验室混乱，投错料酿事故

案例概述：2005 年 8 月 3 日，实验人员在未仔细核对的情况下，误将一瓶硝基甲烷当作四氢呋喃投到氢氧化钠中。当实验人员发现试剂瓶中冒出了白烟后立即将通风橱玻璃门拉下，叫来一名同事帮助解决，而后瓶口的白烟逐渐变为黑色泡沫状液体。突然发生爆炸，玻璃碎片将二人的手臂割伤。这个事故是由于当事人没有仔细核对所要使用的化学试剂，以及实验台药品杂乱无序、药品过多等原因共同造成的。

经验教训：在处理和操作化学试剂时，必须严格遵守实验操作规范，认真核对所要使用的化学试剂，并确保正确的操作程序和步骤。特别是在操作有可能产生有毒有害气体的化学反应时，必须穿戴适当的个人防护用品，如防护眼镜、防护手套等。此外，实验台的药品应该整齐有序，避免误用和误触。对于大量药品，应进行合理的分类和储存，避免混乱和误用。

1.4.2 避免浪费

产生更少的废物意味着对人类或环境造成伤害的风险更小。降低员工接触有害化学物质的风险并减少处理废物相关事故。

所有实验室人员都有责任积极采取措施，尽可能使用以下技术消除有害废物的产生：

（1）尽可能选择对环境影响较小、毒性较低的药品。

（2）尽量缩小实验规模，以减少废物的产生。

（3）避免危险品和非危险品废物混合，混合体积视作危险品废物的总体积。

（4）仅购买实际需要数量的材料。

1.4.3　不要独自在实验室操作

在实验室操作时，建立有他人陪伴的伙伴关系（Buddy System）是非常重要的，主要原因如下：

（1）安全保障。实验室中可能存在各种潜在的危险因素，如化学试剂、尖锐器械、高温高压设备等。如果发生意外情况，如泄漏、爆炸、误操作等，有其他人陪伴可以提供及时的援助和紧急处理，降低事故的严重程度，保障实验人员的生命安全。

（2）错误检测与纠正。实验室操作中可能涉及复杂的步骤和程序，一个人操作时可能会出现错误或疏漏。有其他人在场可以提供指导和监督，及时发现并纠正错误，确保实验的准确性和可靠性。这样可以避免因错误操作导致实验失败或产生不准确的结果。

（3）效率提升。通过分工合作，有人负责准备实验材料，有人负责记录数据等，可以更好地分配任务和资源，提高工作效率。同时，有其他人陪伴可以提供支持和协助，帮助解决实验过程中遇到的问题和困难，加快实验进度。

（4）知识交流与培训。在实验室操作过程中，与其他人一起学习和交流可以获得更多的知识和经验。通过互相指导和分享经验，可以促进知识的传播和技能的提升，提高实验人员的技术水平。这对于新进人员或经验不足的人来说尤其有益。

【案例分析 1-2】女生头发卷入车床窒息身亡

案例概述：2011 年 4 月 13 日凌晨，耶鲁大学一名天文物理学专业的大四女生米歇尔在实验楼地下室的机械间独自操作车床时，头发被车床绞缠，导致颈部受压迫窒息身亡。同楼的学生发现了她的尸体并报警，警方在凌晨 2:30 左右接到求救电话，但赶到现场时米歇尔已经死亡。

由于这起事故的发生，耶鲁大学实验室的安全管理有了严格的要求。实验室负责人采取了以下措施来确保学生的安全：

（1）所有在该实验室进行的课程全部取消，以避免类似的事故再次发生。

（2）所有人都必须上完实验室操作规程培训课，了解实验室的安全操作规范和注意事项，才能操作机器。学校对所有面向学生开放的实验室进行彻底检查，确保这些实验室符合安全标准。

（3）学校严格限制学生进入实验室的时间，并利用监控设备监控学生的安全，及时发现和解决潜在的安全隐患。

经验教训：学校需要加强对实验室的监督和管理，确保各项安全规定得到严格执行。实验人员进入实验室前应进行安全培训，女士应扎起长发，做好安全防护，穿戴好个人防护装备，避免独自在实验室进行实验操作。

1.4.4 实验室人员行为规范

实验室人员行为规范包括以下方面：

（1）进入实验室前穿戴好个人防护装备。

（2）实验室内严禁吸烟。

（3）实验室内严禁饮食。

（4）实验室内严禁嬉笑打闹、争吵斗殴、娱乐等无关实验的行为。

（5）实验室内不要奔跑。

（6）实验尽量安排在白天进行。

（7）尽量避免独自一个人进行实验，不得脱岗，危险实验必须有 2 人在场。

（8）仪器刚启动运行时应留人员看守，待稳定后，方可离开。

（9）严格遵守实验室操作规程和计划，不擅自改动实验方案和操作步骤，如有不清楚的地方及时向实验室负责人询问。

（10）实验结束后及时清理实验台面和设备，不留下任何杂物和废弃物。

（11）严禁在未经允许的情况下进入他人正在进行实验的实验区域或触碰他人的实验设备和材料。

（12）遵守实验室设备和耗材的使用流程，不随意破坏、挪用或浪费实验室资源，妥善保管和归还使用的设备和耗材。

（13）未经授权，严禁私自进行不安全的实验，如有特殊需求或实验计划，应提前向实验室负责人或老师申请并取得许可。

【案例分析 1-3】实验室饮食：一个汉堡引发的惨案

案例概述：1948 年 11 月 25 日，一名 28 岁的化学家使用五氯化磷、盐酸、乙酰氯和重氮甲烷进行了一些合成反应。随后在 12 月 2 日，他将反应的剂量扩大多倍，重新做了一遍。为了监控正在进行中的蒸馏过程，他就在实验室里把午饭（汉堡）吃掉了。尽管他是在通风橱内进行的反应，实验过程中他仍在不经意间吸入了实验产生的气体。不仅如此，重氮甲烷具有良好的脂溶性，那个油腻的汉堡可能富集了大量的重氮甲烷。在随后的几天内，他表现出了一系列类似于普通感冒或上呼吸道感染的症状，医生给予抗生素治疗。直到 6 日早上医生才确定吸入重氮甲烷是症状主因并开始针对治疗，但他仍在几天内不治身亡。

经验教训：在实验室吃东西或饮水是被禁止的，如果感到饥饿或口渴，应离开实验室，在外部安全的地方进食和饮水。

1.5　实验室安全标志

实验室安全标志是确保实验室安全不可缺少的要素，是确保各类人员方便快捷准确地了解实验室布局、各类区域环境、各实验室功能、设备状况及注意事项，采取相应措施的必要工具。

国家标准《安全色》（GB2893-2008）规定的四种安全色是：红、蓝、黄、绿。国家安全标志标准（《安全标志及其使用导则》GB2894-2008）规定安全标志分为四大类（图 1-4），分别是禁止标志、警告标志、指令标志和提示标志。禁止标志共有 40 个，警告标志共有 39 个，指令标志共有 16 个，提示标志共有 8 个。

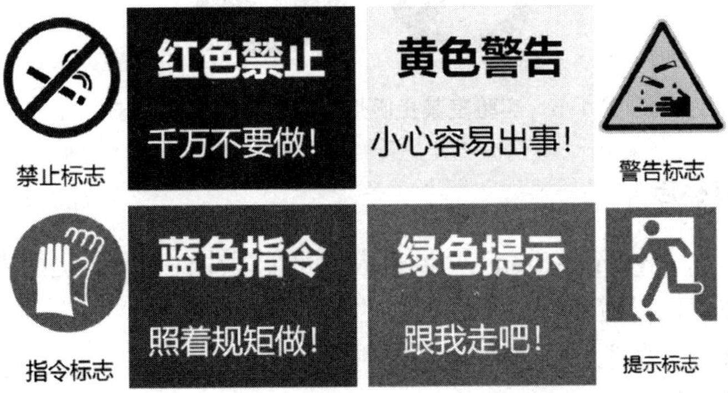

图 1-4　四色安全标志示意图

1.5.1 禁止标志

禁止标志（Prohibition Sign）是禁止人们不安全行为的图形标志。

颜色表征：红色，表示禁止、停止、危险或提示消防设备、设施的信息。

对比色：白色。

实验室内常规的禁止规则包括：

（1）实验室内禁止吸烟、饮食，避免意外吸入有害物质或引起火灾。

（2）实验室内禁止听音乐、打游戏等娱乐行为，避免分散注意力。

（3）实验室内禁止使用矿泉水瓶或水杯等非专用容器盛放化学药品。

（4）实验室内禁止将冰箱、制冰机、微波炉、烘箱、纯水机等设备及烧杯、研钵、搅拌棒等耗材用于食品或其他非实验用途。

（5）实验室内禁止将任何药品用于食品或其他非实验用途。

实验室内的化学药品具有一定的毒性和可燃性，为保障实验室安全，如图 1-5 所示，应在实验室门口粘贴禁止吸烟、饮食和娱乐的标志，提醒实验操作人员在实验室内要遵守规定，保持实验室的安全和整洁。

图 1-5 实验室禁止吸烟、饮食和娱乐的标志

1.5.2 警告标志

警告标志（Warning Sign）是警告人们可能发生的危险，提醒人们对周围环境提起注意，以避免可能发生危险的图形标志。

颜色表征：黄色，传递注意警告的信息。

对比色：黑色。

实验室常见的警告标志如图 1-6 所示。

图 1-6　实验室常见的警告标志

1.5.3　指令标志

指令标志（Direction Sign）表现的是必须遵守的规定，是强制人们必须作出某种动作或采用防范措施的图形符号。

颜色表征：蓝色，传递必须遵守规定的指令性信息。

对比色：白色。

实验室常见的指令标志如图 1-7 所示。

图 1-7　实验室常见的指令标志

1.5.4　提示标志

提示标志（Information Sign）是示意目标的方向，提供某种信息的图形标志，特别是标志安全设施或场所等。

颜色表征：绿色，传递安全的提示性信息。

对比色：白色。

紧急出口中的“小绿人”是日本设计的一种安全提示标志，它的诞生源于日本百货大楼的火灾事故。由于在救援过程中，许多人未能从安全出口逃生，消防人员认为主要原因是缺乏一个简单易懂、辨识度高的逃生标志。因此，1978 年日本消防安全协会举办了一场设计大赛，小谷松敏文设计的“小绿人”最终胜出。经过多次改良和国际化推广，“小绿人”被广泛使用，提醒人们注意安全。这个标志也激发了人们寻找安全标志上小人的兴趣，并将其称为“皮特托先生”。

实验室常见的提示标志如图 1-8 所示。

图 1-8 实验室常见的提示标志

更多禁止标志、警告标志、指令标志和提示标志可扫描二维码 5 查看或下载获取。

二维码 5：禁止标志、警告标志、指令标志和提示标志

1.5.5 危险化学品标志

危险化学品标志是指化学品在市场上流通时由生产销售单位提供的附在化学品包装上的标志，是向作业人员传递安全信息的一种载体，它用简单、易于理解的文字和图形表述有关化学品的危险特性及其安全处置的注意事项，警示作业人员进行安全操作和处置。国家标准《常用危险化学品的分类及标志》（GB13690-92）根据危险化学品的主要危险特性进行了分类，并规

定了危险化学品的包装标志。此标准也适用于其他化学品的分类和包装标志。用来标明危险类别的爆炸品、易燃气体、易燃液体、易燃固体、自燃物品、遇湿易燃物品、氧化剂、腐蚀品、有毒品、致癌物质等实验室常用危险化学品标志如图 1-9 所示。

图 1-9　实验室常用的危险化学品标志

1.6　化学品容器标签的基本准则

正确标记化学品可以帮助实验室工作人员更好地了解化学品的危害性和保护措施，从而采取适当的预防措施，降低事故的发生率。此外，正确标记化学品也可以帮助实验室工作人员在紧急情况下更好地响应和处理事故，包括清理泄漏和进行适当的医疗。在实验室中，正确标记化学品是保障实验室工作人员安全的基本措施之一，也是实验室管理的重要方面。

盐酸容器标签如图 1-10 所示，化学品容器标签应包含以下内容：

（1）名称。用中英文分别标明危险化学品的通用名称，要求醒目清晰，位于危险化学品进出口标签的正上方。

（2）分子式。可用元素符号和数字表示分子中各原子数，居名称的下方。

（3）化学成分及组成。标出化学品的主要成分和含有的有害组分、含量或浓度。

（4）编号。应标明联合国危险货物运输编号和中国危险货物运输编号，危险品进出口分别用 UN 码和 CN 码表示。

（5）标志。每种化学品最多可选用两个标志，危险化学品标志符号居危化品标签右边。

（6）警示词。根据化学品的危险程度，分别用“危险”“警告”“注意”三个词进行危害程度的警示。当某种化学品具有两种及两种以上的危险性时，用危险性最大的警示词。警示词一般位于化学品名称下方，危险品进出口要求警示词醒目、清晰。

（7）危险性概述。简要概述危险化学品的危险性，包括主要的危害、中毒症状、泄漏处理方法等。

请注意，以上信息仅供参考，具体的标签内容和格式可能因地区和国家的规定而有所不同。在实际操作中，建议参考相关法规和标准，并咨询专业人士以确保正确和合规地标志化学品容器。

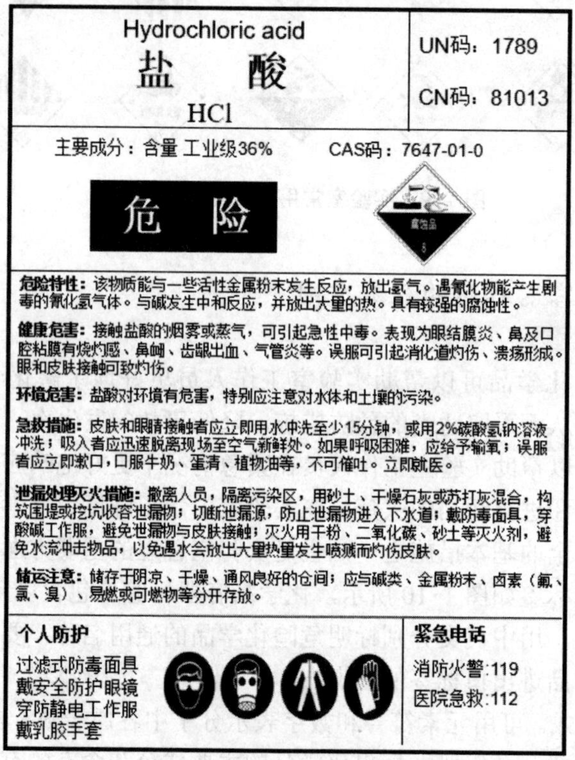

图 1–10　盐酸容器标签示意图

化学品容器标签的使用原则：

（1）标签应清晰可见，易于阅读，确保人们能够准确识别化学品的名称、危险性等信息（易燃、腐蚀性、有毒、致癌等）。

（2）标签必须使用全称，不允许使用缩写、结构式等，如必须使用缩写，应在显眼位置标记其代表的含义。标签脱落或损坏时，需要重新贴上或将化学物质转移到其他区域，避免与其他化学品混放造成误操作和潜在的危险。

（3）原始标签应尽可能保留，重复使用的容器要先揭下旧标签，再贴上新标签，这样可以保证每个容器上的标签都是准确的，不会造成误解。

（4）二次使用容器必须做正确标记，如图 1-11 所示。洗瓶、喷瓶、临时储存容器、烧杯、烧瓶、小瓶、药瓶等，或从原装容器转移化学品后承装的任何容器，标记的方式可以参考上述原则。

在具体实施过程中，可以参考相关的法规和标准，如《危险化学品安全管理条例》等，以确保标签的合规性和准确性。

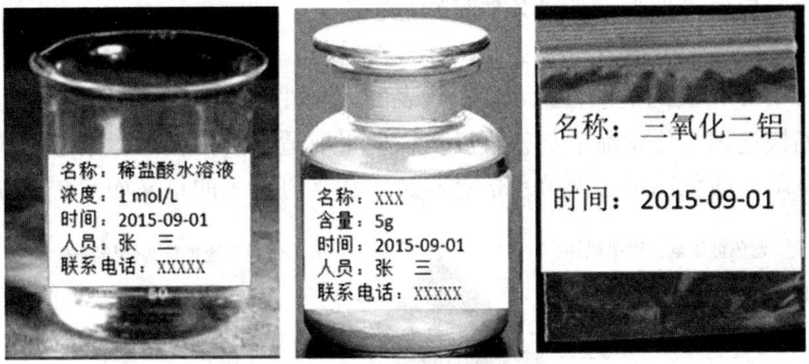

图 1-11　二次使用容器标签示意图

【案例分析 1-4】标签缺失导致的事故

案例概述：2021 年 7 月 27 日，广州某高校一名博士生在实验室整理仪器时，发现之前毕业生在一个烧瓶内遗留了未知白色固体，用水冲洗时烧瓶发生炸裂，炸裂产生的玻璃碎片直接刺穿了该生手臂的动脉血管。紧急就医后，伤情得到控制，无生命危险。据分析，白色未知试剂可能含有氢化钠或氢化钙等能引起爆炸的化学品。

经验教训：为防止类似的事故发生，应采取相应的措施。

（1）所有进入实验室的人员都应接受实验室安全培训。

（2）实验室内的试剂和物品应明确标志并分类存放，以便快速识别并避免误操作。

（3）实验室内的废弃物和废液应按照规定程序进行分类和处理，以避免污染环境和危害人员健康。

（4）在实验室工作时，必须穿戴适当的个人防护用品以保护自己和他人。

1.7　危险品四色图标志

美国消防协会（NFPA）制定的 NFPA 704 是一种用于紧急处理化学品危

害程度的鉴别标准。危险品四色图标志是 NFPA 704 标准体系处理危险品的一种方式，它将化学品危害程度分为四个等级，用蓝、红、黄、白四种颜色的警示菱形来表示：

（1）蓝色菱形表示为“健康危害”。

（2）红色菱形表示为“火灾危险”。

（3）黄色菱形表示为“反应性”。

（4）白色菱形表示为“其他特殊危害”。

危害程度被分为 0、1、2、3、4 五个等级，用相应数字标志在颜色区域内，其中 0 代表的危险性最小，4 代表的危险性最大。这些警示菱形可以帮助人们快速识别化学品的危害程度，以便采取适当的措施进行紧急处理。

危险品四色图标志及警示信息与数字和字母代表的意义如图 1-12 所示。

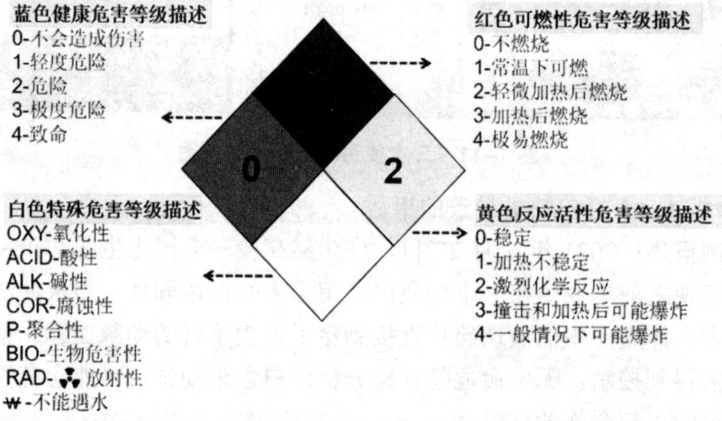

图 1-12　危险品四色图标志及警示信息

例如，酒精的危险品四色图标志（图 1-13）显示其红色/火灾等级为 3，是指在各种环境温度下可以迅速被点燃的液体和固体。

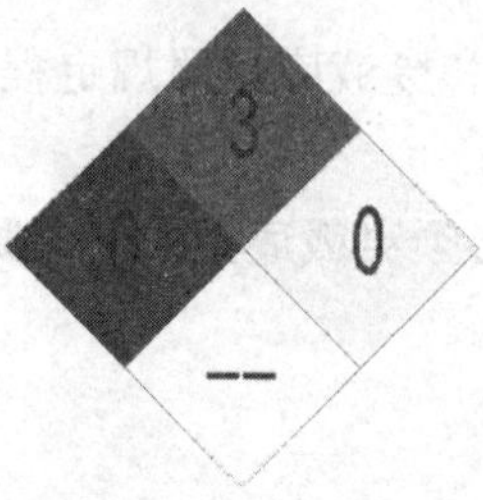

图 1-13　酒精的危险品四色图标志

危险品四色图标志在化学品包装上使用，以提醒人们注意并正确处理危险品。如果遇到带有这些标志的化学品，在操作和储存时应当遵循相应的安全规范和操作方法。

1.8　实验室危险信息识别标志

实验室危险信息识别标志主要包括实验室危险信息门贴和危险化学品安全周知卡。

实验室危险信息门贴主要包含紧急联系人及联系方式、危险性标志、注意事项、重要防护措施等。如图 1-14 所示，实验室危险信息门贴的优点在于内容上针对性强，责任人明确，安全重点一目了然，使用上可根据不同实验室危险因素，自行组合粘贴安全标志，简单方便。实验室危险信息门贴应该张贴在每间实验用房（包括教学实验室、科研实验室、实训试验基地、危险化学品库、实验废弃物暂存库、气瓶室、仪器室等）门口。所有实验人员和访客都必须遵守贴有这些实验室危险信息门贴的进入规定。每当紧急联系信息发生变化或实验室危险发生重大变化时，实验室危险信息门贴必须保持更新。

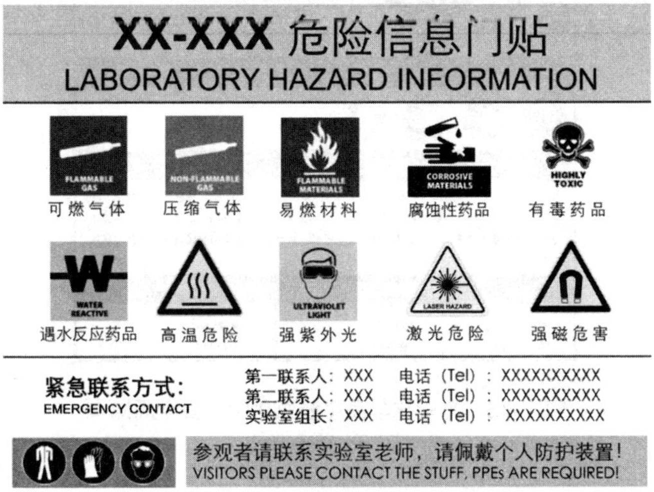

图 1-14　实验室危险信息门贴示意图

如图 1-15 所示，危险化学品安全周知卡通常包含以下信息：（1）危险性类别：（2）品名、英文名、分子式及 CAS 号；（3）危险性标志：（4）危险性理化数据：（5）接触后表现：（6）现场急救措施；（7）身体防护措施：（8）

泄漏应急处理措施；（9）当地应急救援单位名称和电话。危险化学品安全周知卡应该张贴在所有使用或储存危险材料（如化学、生物或放射性物质）的实验室出入口、外墙壁或反应容器、管道旁等醒目位置，确保实验人员能够及时注意到危险化学品的安全信息，从而采取适当的安全措施。

总的来说，实验室危险信息门贴则侧重于实验室环境内的安全警示和注意事项，而危险化学品安全周知卡更侧重于具体化学品的安全信息，两者都是实验室安全管理的重要组成部分，共同保障实验室人员的安全。

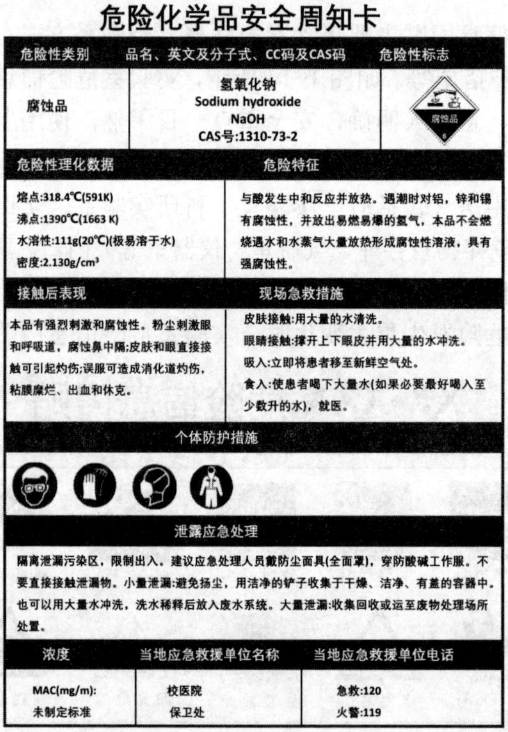
危险化学品安全周知卡

危险性类别	品名、英文及分子式、CC码及CAS码	危险性标志
腐蚀品	氢氧化钠 Sodium hydroxide NaOH CAS号:1310-73-2	腐蚀品 8

危险性理化数据	危险特征
熔点:318.4℃(591K) 沸点:1390℃(1663 K) 水溶性:111g(20℃)(极易溶于水) 密度:2.130g/cm³	与酸发生中和反应并放热。遇潮时对铝，锌和锡有腐蚀性，并放出易燃易爆的氢气，本品不会燃烧遇水和水蒸气大量放热形成腐蚀性溶液，具有强腐蚀性。
接触后表现	**现场急救措施**
本品有强烈刺激和腐蚀性。粉尘刺激眼和呼吸道，腐蚀鼻中隔;皮肤和眼直接接触可引起灼伤;误服可造成消化道灼伤，粘膜糜烂、出血和休克。	皮肤接触:用大量的水清洗。 眼睛接触:撑开上下眼皮并用大量的水冲洗。 吸入:立即将患者移至新鲜空气处。 食入:使患者喝下大量水(如果必要最好喝入至少数升的水)，就医。

个体防护措施

泄露应急处理

隔离泄漏污染区，限制出入。建议应急处理人员戴防尘面具(全面罩)，穿防酸碱工作服。不要直接接触泄漏物。小量泄漏:避免扬尘，用洁净的铲子收集于干燥、洁净、有盖的容器中。也可以用大量水冲洗，洗水稀释后放入废水系统。大量泄漏:收集回收或运至废物处理场所处置。

浓度	当地应急救援单位名称	当地应急救援单位电话
MAC(mg/m): 未制定标准	校医院 保卫处	急救:120 火警:119

图 1–15 危险化学品（氢氧化钠）安全周知卡

1.9 标准操作程序

标准操作程序（Standard Operating Procedure，SOP）是指一套规范化的操作步骤和流程，用于指导实验室工作人员在特定实验或操作中的行为和操作方式。SOP 不仅可以提高工作效率和质量，还可以确保实验室工作的安全性和有效性。

常见的 SOP 模板包括以下内容：

（1）标题。SOP 的名称，简明扼要地描述所涉及的操作。

（2）目的。阐述该 SOP 的目标和目的，即为什么需要进行此操作。

（3）适用范围。明确适用该 SOP 的操作场景、设备或人员。

（4）负责人。指定负责执行和监督该 SOP 的人员。

（5）定义和缩写。列出可能出现的术语、定义和缩写，以确保操作的清晰性和一致性。

（6）材料和设备。列出所需的材料和设备清单，包括特定规格或要求。

（7）操作步骤。按照逻辑顺序详细描述操作步骤，包括所需的操作方法、程序和技术细节。每个步骤都应该清晰明了，简洁明确，确保操作的准确性和可重复性。

（8）安全注意事项。列出操作过程中必须遵循的安全注意事项，包括个人防护装备的使用、化学品的安全处理、紧急情况的应对等。

（9）质量控制。描述对操作过程中质量控制的要求，包括检测方法、标准和限值。

（10）记录和报告。指定需要记录和报告的信息，如操作日志、实验数据、异常情况等。

（11）培训和审核。阐述对操作人员的培训要求和审核程序，以确保操作的一致性和标准化。

（12）变更。阐述对 SOP 变更的管理要求，包括变更通知、批准和更新。

（13）附录。包含相关的附加信息，如图表、流程图、参考文献等。

SOP 模板应根据具体的操作和组织需求进行适当的定制和调整，以确保符合实际情况和标准要求。

实验室仪器操作 SOP 旨在确保实验室仪器的正确使用和实验数据的准确性。简单的实验室仪器操作 SOP 示例可扫描二维码 6 查看或下载。

二维码 6：实验室仪器操作 SOP 示例

1.10 CAS 编号

CAS 编号（CAS Registry Number）是由美国化学文摘服务社（Chemical Abstracts Service，CAS）为化学物质分配的唯一数字识别号码。这是为了避免化学物质有多种名称的麻烦，使数据库的检索更为方便。

CAS 编号规则如下：

（1）由一个或一个以上数字组成，用来识别一种物质或一个分子结构。

（2）每个化学物质都被分配一个唯一的 CAS 编号，并记录在 CAS 的登记系统中。

（3）每个 CAS 编号都是唯一的，不会分配给不同的化学物质。

（4）同一化学物质无论何时何地合成或分离，其 CAS 编号都是相同的。

（5）一个 CAS 编号以连字符“-”分为三部分，第一部分有 2 到 7 位数字，第二部分有 2 位数字，第三部分有 1 位数字作为校验码，例如：7440-70-0。

（6）在极少数情况下，CAS 编号可能会包含一个字母后缀，这通常表示该物质的某一种同分异构体或同系物。例如：103-23-1（无字母后缀）和 103-23-1a（有字母后缀“a”）。

如果需要了解某个特定物质的 CAS 编号，可以查阅相关的化学资料或联系专业的化学服务机构。

1.11 化学品安全数据说明书

化学品安全数据说明书（Materials Safety Data Sheets, MSDS）是化学品生产商和进口商用来阐明化学品的理化特性（如 pH 值、闪点、易燃度、反应活性等），以及对使用者的健康可能产生的危害（如致癌、致畸等），并告知如何进行有效防护的一份文件，是化学品流通的“身份证”。通常用于出口报关报检、安监危化登记、客户要求应对及企业安全管理中。MSDS 包含的信息如图 1-16 所示。

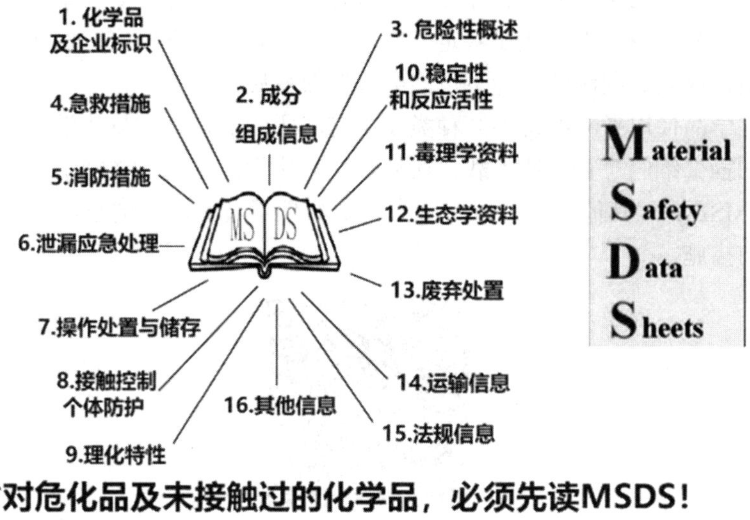

图 1-16　MSDS 包含的信息示意图

MSDS 可在许多化工企业网站获取。每个化学品制造商都必须提供所供化学品的 MSDS。考虑到 MSDS 中包含了化学品的理化性质、危害、操作储存、防护等重要信息，强烈建议所有实验室建立 MSDS 手册，以帮助实验人员随时获得实验室中使用或储存的化学品的 MSDS，从而降低安全风险的发生。

以下因素可以引起化学物质反应并造成潜在危害：

（1）化学物质的浓度。物质的浓度会影响化学反应的速度和激烈程度。一些物质在低浓度下可能是无害的，但在高浓度下可能对人体健康或环境造成危害。例如，某些酸或碱在低浓度下对皮肤无害，但在高浓度下可以引起严重的皮肤灼伤。

（2）化学品的物理状态。化学品的物理状态（固体、液体、气体）可以影响其扩散、溶解和反应性质。例如，气态物质可能比固态或液态物质更容易在空气中扩散，从而增加吸入风险。

（3）物理方式处理化学品的过程。处理化学品的过程，如切割、研磨、加热、冷却等，都可能引发化学反应并产生有害的有毒物质。例如，加热某些物质可以产生有毒气体。

（4）涉及使用化学品的化学过程。将化学品与其他化学品混合、纯化、蒸馏等过程可能导致不可预测的化学反应，产生有害的产物。

（5）不当储存、潮湿、光照、冷藏等其他情况储存。储存条件也可能会影响化学品的稳定性，或在特定条件下引发危险的化学反应。例如，某些化学物质在高温或潮湿的环境下可能会分解或变质。

化学品使用者应熟悉不同种类化学官能团的危害，常见化学官能团的危害可扫描二维码 7 查看或下载。在处理任何化学品之前，详细了解相关化学品的 MSDS 和其他信息可以帮助人们更好地了解其潜在的危险并采取适当的预防措施。

二维码 7：常见化学官能团的危害

关于课程思政的思考：

实验室安全管理至关重要，它保障科研人员安全、保护实验室资产、确保实验数据准确性。通过预防措施和应急准备，它减少了事故的发生，提升了人员安全意识，强化了责任感。实验室安全不仅是科研工作顺利进行的前提，也是高校教育和科研管理的重要组成部分，对维护校园和社会稳定发挥着重要作用。

第2章　个人防护装备

2.1　实验室个人着装与防护要求

在实验室中，个人着装和防护直接关系到实验人员的安全和实验的准确性。以下是一些基本的实验室个人着装和防护要求：

（1）如图2-1所示，进入实验室工作区域，必须按规定穿戴必要的防护服，确保防护服合身并扣好所有扣子。不能穿无袖衫、短裤（短裙和类似的服装等）和露趾鞋（凉鞋、拖鞋等）等不符合规定的衣服、鞋子，以防止化学药品、腐蚀性物质、有毒物质等与皮肤接触。

（2）在实验室进行实验操作时，必须始终穿戴适当的个人防护装备（Personal Protection Equipment, PPE），以保护身体免受化学品、放射性物质、病原体等危害。

（3）在高温实验时，必须戴隔热手套，以避免烫伤。

（4）将长发及松散的衣服妥善固定，避免在实验过程中飘散而影响实验结果或者接触到危险品。

（5）穿着低跟、防滑、鞋底较厚的鞋子，以确保不会摔倒。

（6）根据从事的实验项目的类别，可能还需要穿戴其他PPE，例如耳塞、护目镜、面罩、防化服等。因此，在实验室中，必须始终穿戴适当的PPE，以确保实验人员的安全。

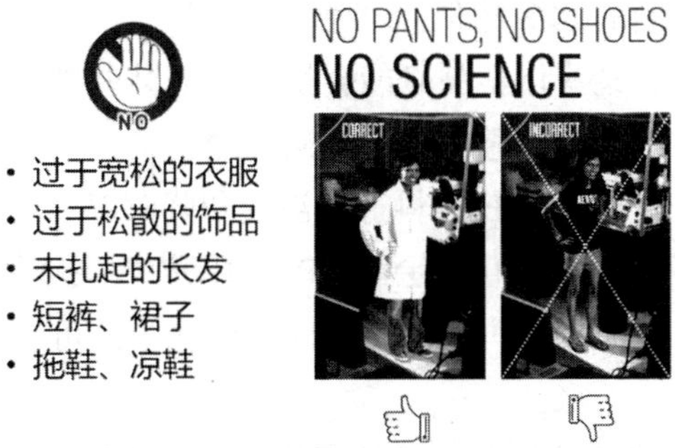

图2-1　实验室着装规范示意图

2.2 个人防护装备使用评估

实验室人员需要对实验过程中涉及的操作进行危险评估，以确定需要使用哪些PPE，PPE使用信息也应该包括在操作SOP中，以确保实验室工作人员在操作时采取必要的安全措施，以降低实验室人员接触危险化学品的风险。

常用的PPE包括手套（Gloves）、护目镜（Goggles）、实验防护服（Lab Coat）、面罩（Face Mask）、安全鞋（Safety Shoes）、耳塞（Earplug）、口罩（Mask）等。手套可防止化学品直接接触皮肤和手指，护目镜可以防止化学品溅入眼睛，实验防护服及围裙可以防止化学品污染身体及衣服，面罩可以防止化学品喷溅到面部，安全鞋可以防止化学品渗入鞋底，耳塞则可避免噪声对听力造成的损伤。

实验室的责任人有向实验室工作的人员提供所需PPE的责任，并要求实验人员在实验过程中穿戴PPE。

PPE的选择必须考虑以下因素：

（1）使用的化学品的浓度和数量。高浓度或大量的化学品可能需要更严格的防护措施，如使用全封闭式的呼吸防护设备或穿上全封闭式的实验防护服。

（2）化学品的毒性。对于高度毒性或危险的化学品，应使用能够提供最大防护的PPE，例如全封闭式的实验防护服、全橡胶鞋子和全封闭式的重型防化手套，以及防毒面具等。

（3）接触化学品的途径。如果化学品有可能通过皮肤或呼吸系统进入人体，那么应使用适当的PPE来防止接触。

（4）PPE材质。某些化学品可能会快速溶解某些类型的手套。因此，需要选择特定材质的PPE，以避免与化学品接触。

（5）特定化学物质在PPE材料上的渗透和降解率。某些化学物质可能会渗透或降解PPE的材料，这可能会使PPE的保护效果降低。

（6）PPE与化学品接触时间。长时间接触化学品可能需要更高级别的保护措施。

所有的PPE和实验防护服都必须存放在一个卫生和安全的环境中。实验室负责人可以根据实际情况制定PPE基本穿戴要求。实验室人员必须接受有关 PPE 的选择、正确穿戴、使用条件、保养和维护等方面的培训。

培训涵盖的主题应包括：

（1）何时必须穿戴 PPE？

（2）执行各类操作程序或实验时需要哪些 PPE？

（3）如何正确穿上、脱下、调整和穿戴 PPE？

（4）PPE 的正确清洁、保养、维护及其使用寿命、使用条件等。

2.3　护眼 PPE

2.3.1　护眼 PPE 使用原则

眼睛是人体最脆弱的器官之一，因此眼睛防护装备是 PPE 中非常重要的一部分。以下是关于眼睛防护的一些原则：

（1）实验室工作人员必须根据实验室中潜在的化学和物理危害选择适当的护目镜，以提供必要的保护，这些危害可能包括：飞溅颗粒、碎玻璃、熔融金属、酸或腐蚀性液体、化学液体、化学气体或蒸汽、有害光辐射等。

（2）在实验室工作或进入存放危险化学品和传染性物质或存在潜在机械性和物理性眼部伤害的实验室时，需要适当的眼部防护装备。

（3）在处理或储存化学品的实验室内，即使不直接使用化学品，所有实验室员工和访客也必须始终戴好防护眼镜。因为化学品可能会以蒸汽或气体的形式存在，或者可能会从设备或材料中泄漏出来造成危害。

（4）常规的近视眼镜（包括隐形眼镜）不足以对眼睛提供足够的防护，应选择带侧护板的硬化玻璃或塑料安全眼镜。侧护板可以防止物体或液体从侧面进入眼睛，而硬化玻璃或塑料可以提供更强的防护，防止眼部受伤。

护眼 PPE 由于防护面积的不同会导致防护效果不同。如图 2-2 所示，护眼 PPE 的防护面积可以覆盖整个眼部、眼部周围和侧面，不同的防护面积会对不同的危害产生不同的防护效果。实验室人员必须根据实验室中存在的潜在危害选择适当的护目镜或防护装备。

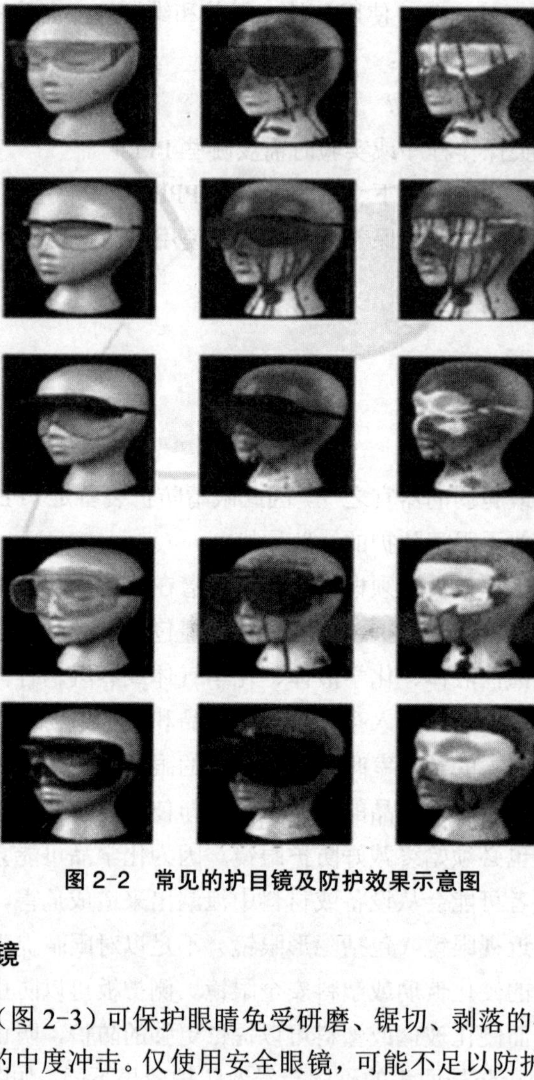

图 2-2 常见的护目镜及防护效果示意图

2.3.2 安全眼镜

安全眼镜（图 2-3）可保护眼睛免受研磨、锯切、剥落的碎玻璃和轻微化学飞溅等颗粒的中度冲击。仅使用安全眼镜，可能不足以防护危险飞溅颗粒，应使用防喷溅护目镜。

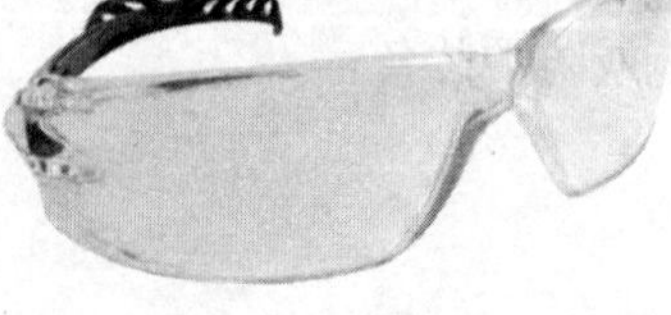

图 2-3 安全眼镜

2.3.3　防喷溅护目镜

防喷溅护目镜（图 2-4）是一种专门设计用于防止化学飞溅、高浓度腐蚀性物质及大量散装化学品转移对眼睛造成伤害的眼部防护装备。这种护目镜通常配有透明或有色镜片，有些还具有防雾、通风或非通风框架等不同特点，以应对不同环境和操作需求。

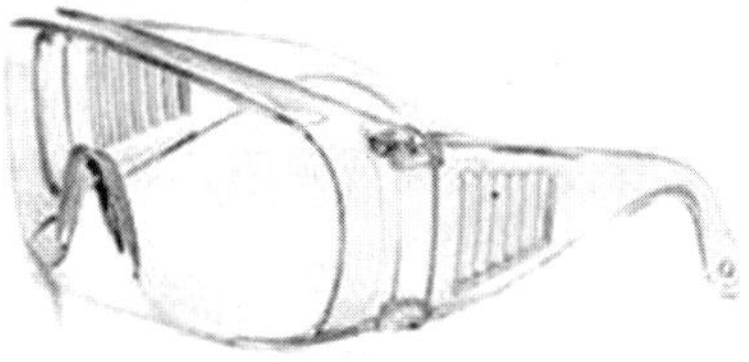

图 2-4　防喷溅护目镜

2.3.4　面罩

面罩（图 2-5）是一种用于防护脸部和眼睛的 PPE，当面罩与安全眼镜或防喷溅护目镜共同使用时，能够提供额外的防护，以防止飞溅颗粒、金属火花、化学物质和生物的飞溅物伤害眼睛与脸部。

面罩虽然能够提供对脸部的防护，但它并不能替代护目镜对眼睛的防护作用。面罩不能单独使用，也不能替代护目镜使用，应始终与对眼睛起到防护作用的护目镜一起佩戴。

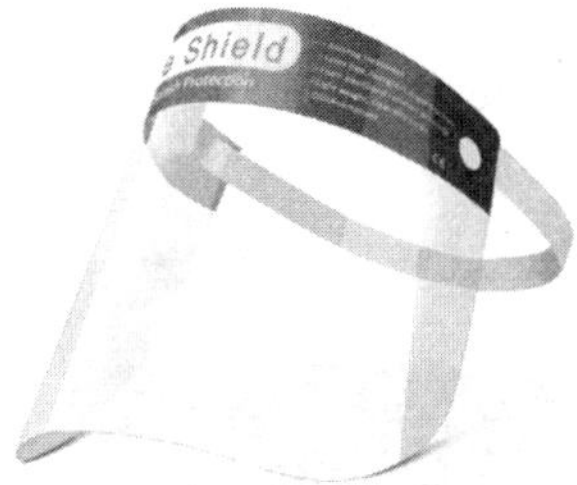

图 2-5　面罩佩戴示意图

2.3.5　焊接防护罩

焊接防护罩是一种专门用于保护面部和眼睛免受焊接、钎焊、燃烧和切割过程中遇到的火花、金属飞溅和渣屑伤害的 PPE。这种防护罩在设计和功能上类似于面罩，但是具有额外的保护层，以应对焊接时产生的强烈光辐射和飞溅的金属碎片。

在使用焊接防护罩时，必须配备合适的滤光镜设备来防止光辐射伤害眼睛。滤光镜是一种特殊的镜片材料，能够过滤掉部分光线，减少强光的刺激，从而保护眼睛免受光辐射的伤害。一般的有色眼镜或遮阳镜并不能替代滤光镜，因为它们并不能有效地过滤掉焊接时产生的高能量光线。

在选择和使用焊接防护罩时，务必遵循所有的安全指南和使用说明，以确保其有效性。同时，定期检查和维护焊接防护罩，确保其完好无损，也是非常重要的。如果防护罩有任何损坏或缺陷，必须立即停止使用，并及时更换新的防护罩。

2.3.6 防激（强）光护目镜

安全眼镜和防喷溅护目镜并不足以防护各种类型的激光光源。这是因为不同的激光光源具有不同的光谱频率或特定波长，这些不同类型的光源需要不同类型的防激光护目镜来提供足够的保护。

防激光防护镜（图 2-6）的选择，需要根据激光光源的具体参数，如光谱频率、能量等级、脉冲时间等来确定所需的防激光护目镜类型。不同类型的防激光护目镜可以提供针对不同类型激光光源的特定防护。例如，有些防激光护目镜可以过滤掉特定波长的激光光线，有些则可以提供更广泛的防护波长范围。

在选择防激光护目镜时，需要注意镜片的颜色和透射率等参数。一般来说，镜片颜色越深，对激光光源的防护效果越好。同时，透射率越低，对激光光源的防护效果也越好。需要注意的是，一些深色镜片可能会影响视觉效果，从而影响操作精度。

图 2-6　防激光护目镜

【案例分析 2-1】不戴护目镜遇爆炸导致毁容

案例概述：2016 年 9 月 21 日，上海某大学研究生二年级学生郭某某依照导师要求指导两位研一新生进行氧化石墨烯制备实验。郭某某示范如何向装有浓硫酸的锥形瓶内添加高锰酸钾时突然发生爆炸。事发时，包括郭某某在内的三人均未戴护目镜，没有拉下通风橱的下拉窗，也无包括导师在内的负责安全的人员在场。郭某某本人被鉴定为右眼盲目 5 级，左眼重度视力损害，构成四级伤残；面部增生性皮肤瘢痕形成，构成十级伤残；张口受限I度，构成十级伤残。他认为，学校没有按照要求告知学生要戴护目镜等安全规定，对事故造成的损害后果应承担赔偿责任，遂将大学告上法庭。上海长宁法院接受审理后认为，郭某某的导师仅是口头提醒学生"注意安全"，却没有详细说过危险点，在明知学生未戴护目镜、未拉下通风橱下拉窗时，也没有作出提示。大学明显违反教育部及上海市教委的通知要求，未发现并制止郭某某违规带教，未告知必要的安全操作知识和安全防护措施，未针对实验的危险特性提供护目镜等防护用具，未有效履行实验室安全管理职责，存在重大管理和教育疏漏。最终，法院一审判决该大学赔付郭某某 162.9 万余元。

经验教训：该事故投料前高锰酸钾没有进行计算，反应速率没有有效控制，因此导致反应产物迅速生成，系统超压引发爆炸。三人均未穿实验服，并未戴防护眼镜；眼睛喷溅上浓硫酸和高锰酸钾后又没有洗眼装置进行清洗急救；通风橱无法正常使用。

该事故提示我们，学校应该建立健全实验室安全管理制度和规范，加强安全教育和培训，并提供必要的安全防护装备和用具；指导教师应该对学生的实验操作进行严格的安全指导和监督，在实验前应该详细讲解实验中涉及的危险点、安全操作规范及应急处理措施等，并在实验操作过程中始终在场指导和监督，确保学生的安全；实验人员实验前应做好安全防护，穿戴好 PPE；仔细阅读与爆炸性化合物相关的化学品安全数据说明书和相关信息资料，以确保潜在事故风险降至最低。

2.4　手部防护 PPE

正确选择和使用手部防护 PPE 可以有效减少手部职业伤害的发生。以下是关于手部防护的一些原则：

（1）当存在化学品腐蚀、割伤、撕裂、擦伤、刺伤、烧伤、生物制品或极端温度伤害的重大潜在危险时，必须佩戴手套。

（2）使用腐蚀性或易被皮肤吸收的化学品时，必须佩戴手套。

（3）没有一种类型的手套能够对所有化学品提供最佳的保护，或者说没有一类手套能够完全抵抗化学品的降解和渗透。

（4）所有手套材料最终都会被化学品渗透，但是如果已知具体用途和特性（即厚度、渗透速率和时间），则它们可以在有限的时间内安全使用。

（5）所有的手套必须根据化学品的类型和浓度、手套的性能特点、使用条件和时间、化学品的危害和接触化学品时间的长短进行定期更换。

（6）应参考制造商的手套选择表来决定使用哪种类型的手套可以最大限度地减少化学品对手部的伤害。

（7）在使用任何化学品之前，务必阅读化学品容器标签和化学品安全数据说明书上的制造商说明和警告信息，这些信息通常包括推荐的手套类型。

2.4.1 手套使用准则

实验室使用手套准则包括以下几点：

（1）当存在接触危险物质的可能性时，应佩戴合适的手套。在每次使用前，应检查手套是否有孔洞、裂缝或污染，发现有问题的手套应立即丢弃。

（2）一次性手套使用后一旦发现被污染，应立即丢弃。

（3）可重复使用的手套应根据使用的频率和接触物质的渗透性定期更换，可重复使用的手套在下次使用前应使用肥皂和水清洗。

（4）实验室人员在离开实验室前必须脱去手套。不要在佩戴手套的时候做接听电话、抓握门把手、使用电梯等日常事情。如果需要佩戴手套运输物品，可以佩戴一个手套来拿住需要运输的物体，或者使用一个二级容器，如一个桶。未佩戴手套的手可以触摸门把手、按电梯按钮等。

在进行实验或处理危险物质时，正确的手套使用和摘除方法是确保个人安全和防止污染的重要一步。如图 2-7 所示，摘手套的正确步骤如下：

（1）戴着手套的右手抓住左手套的袖口。

（2）将左手的手套从内向外脱下，用右手拿住脱掉的左手套。

（3）将左手手指插入右手手套的袖口，轻轻地从内向外脱下右手手套。

（4）摘下的手套放在手掌处后妥善地处理。

最后，务必在脱掉手套后用肥皂和水彻底洗手。洗手可以确保任何可能的污染物质被彻底清除，不会对实验人员或其他人造成危害。这几个步骤可以避免手套上的危险物质污染实验室其他区域。

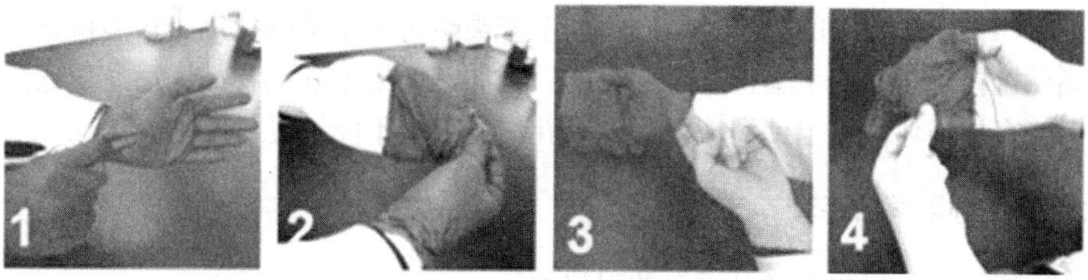

图 2-7　摘手套的正确方法

2.4.2　双层手套

使用一次性手套时，佩戴双层手套是一种常见的做法。这样做的好处是，如果外层手套被污染、破坏或磨损，内层手套可以继续提供保护，直至实验人员更换或脱下手套。这种做法在一些高风险的操作环境下尤其重要，例如在处理危险化学品、生物样品或其他特定污染物时。

经常检查外层手套，观察其是否出现降解的迹象（如颜色的变化、材质的变化、出现裂痕等）。当发现外层手套降解或污染的最初迹象时，每次都应立即脱掉并丢弃污染的一次性手套或双层手套，立即更换一副新手套或双层手套。如果内层手套出现污染或降解，脱掉双层手套或更换两副新的双层手套。

在处理化学品混合物时，建议用两套不同材质的手套作为双手套。这种方法可以在其中一种化学物渗透到外层手套里面后，内层手套能够继续提供足够的防护，这种情况下手套材质的选择应基于特定化学混合物的性质。在选择手套前，先查阅化学生产厂家提供的手套选择图。

2.4.3　手套的选择依据

选择手套时应根据具体的实验环境和实验操作项目考虑以下因素：

（1）化学品的种类。没有一类手套适合所有的化学品防护。一类手套可以防护一种特定的化学物质，但它可能不能保护穿戴者免受其他化学物质的伤害。请查阅手套材质的化学兼容性图表或指南，以确保手套能做到有效防护。

（2）灵活性。手套越厚，通常化学防护效果越好，更能抵抗物理损伤，但戴上厚手套易导致操作不方便。

（3）防护范围。判断到手腕长度的手套是否能够提供足够的防护，即判断是否需要能保护到手臂的长手套。

（4）实验操作的类型。所选择的手套类型对应了某些特定的实验操作，确保选择了正确的手套，以避免受伤。例如，如果处理热物品，尼龙耐低温手套会被损坏；而当使用液氮时，多孔洞的手套不能够提供防护。

2.4.4 耐化学品手套

短时间使用耐化学品手套的建议如下：

（1）一旦戴手套的手接触到化学品，应尽快脱下并更换手套。指定用于短时间接触的手套通常不适用于长时间接触，否则手可能被正在使用的化学品浸润。

（2）选择耐化学品手套前，查阅手套制造商的建议或指南。

常见的耐化学品手套的特性如下：

（1）天然橡胶乳胶。对酮类、醇类和腐蚀性有机酸、碱具有较好的耐受性。

（2）氯丁橡胶。对无机酸、有机酸、碱、醇及石油溶剂具有较好的耐受性。

（3）丁腈类。对醇类、碱类、有机酸及一些酮类化学物质具有耐受性。

（4）聚氯乙烯（PVC）。对无机酸、碱、有机酸和醇具有良好的耐受性，这种材料广泛用于制造管道、电线绝缘体等。

（5）聚乙烯醇（PVA）。对氯化溶剂、石油溶剂、芳烃具有耐受性，因此可用于制造涂料、黏合剂等产品，以抵抗这些化学物质的腐蚀。

实验室常见防护手套类型、特性及使用详见表 2-1。不同材质手套的优缺点信息可扫描二维码 8 查看或下载，不同材质手套的防化性能表可扫描二维码 9 查看或下载。

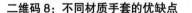

二维码 8：不同材质手套的优缺点

二维码 9：不同材质手套的防化性能表

表 2-1　实验室常见防护手套类型、特性及使用

手套类型	主要原料	产品特性	使用场景
乳胶手套	天然乳胶	弹性及黏附性强，但因含有胶原蛋白可能导致过敏	防护醇类、碱类、醛和酮
丁腈手套	合成丁腈胶乳	耐酸碱、耐油性、抗静电、无过敏性	防护二甲苯、聚乙烯及脂肪族溶剂等
聚氯乙烯（PVC）手套	PVC 树脂	透气性好、防化学腐蚀能力强，但拉伸性较丁腈手套弱	防护酸、碱、脂肪族溶剂等
氯丁橡胶手套	氯丁二烯	耐老化、耐酸碱、耐燃烧、耐油性	防护酸、碱、脂肪族、芳香族溶剂等
丁基橡胶手套	异丁烯和少量异戊二烯	较好地防护中级极性有机化合物，成本高	防护王水、硝酸、强酸、强碱、甲苯等
聚乙烯醇（PVA）手套	乙烯醇单体聚合	能够防护大部分有机物，成本高	脂肪族、芳香烃、氯化溶剂、碳氟化合物等
聚乙烯（PE）手套	乙烯单体聚合	易破损，价格低廉	防水、防油污、耐酸碱

2.4.5　乳胶手套

乳胶手套在接触化学品时容易降解，对化学品的防护性能有限，不应该被选择用于化学品处理。此外，乳胶手套中含有的蛋白质可能导致一些人出现过敏反应，症状包括发炎、麻疹、气短、咳嗽、喘息或休克等，如果发现这些症状，应该立即停止使用并寻求医疗帮助。另外，不允许使用预粉一次性乳胶手套，因为预粉手套会在使用时释放出粉末，可能引起呼吸问题或皮肤过敏等健康问题。

只有在以下情况时，才可以使用非预粉的乳胶手套：

（1）用户必须证明乳胶比其他手套材料具有明显的优势。

（2）选择手套材料的原因记录在风险评估中。

（3）使用乳胶手套时，该区域的所有人应提供乳胶过敏信息。

2.5　实验防护服

如图 2-8 所示，实验防护服包括实验服和其他防护服，如一次性实验服、化学防溅围裙和其他可以用来防护生物或化学污染和飞溅物质污染的防护

服，及能够在遇到对身体产生物理性伤害时提供额外保护的防护服。

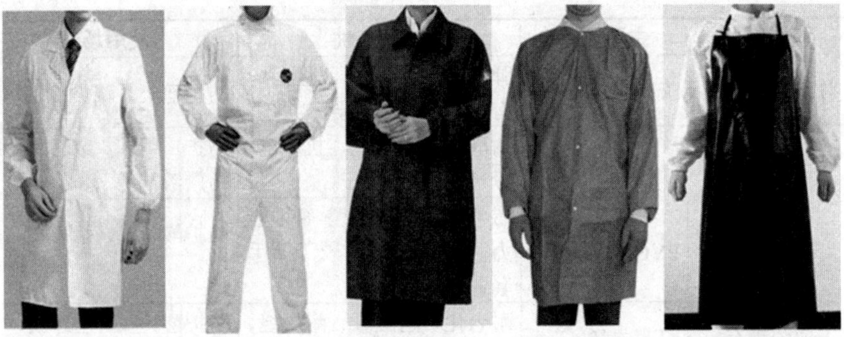

图 2-8　部分实验防护服示例图

在存在有害物质的情况下，实验人员必须穿着实验服。但是，实验服不能防止液态化学品的渗透，因此如果实验服明显被污染后应立即脱掉。同时，不要把实验服带回家或洗涤，以防污染家庭环境。

应该扣紧实验服纽扣以更全面地防护。实验服是偏宽松的设计，因此在化学品接触皮肤之前有足够的延迟时间。实验服只能提供最低程度的防护，因此在某些情况下，一次性外套可能是必要的。但是，许多种类的一次性实验服对蒸汽渗透只能提供有限的防护，而且判断是否使用一次性实验服需要大量经验。在紧急情况下，可能需要完全包裹身体的防护服。实验室常见实验服的防护性、适用范围及使用注意事项详见表 2-2。

表 2-2　常见实验服防护性、适用范围及使用注意事项

实验服	防护性	适用范围	注意事项
传统实验服（100%棉）	不防飞溅；不耐酸腐蚀；一定的溶剂防御能力	适用于涉及生物材料、易燃液体、小型明火和临床研究的实验室	处理腐蚀性物质时需要使用化学防飞溅围裙；不适用于处理自燃材料
传统实验服（棉涤混纺）	防少许飞溅；一定的防腐蚀性；防其他未知化学品	适用于临床研究和处理生物材料的实验室	易燃，不适用于处理易燃、自燃材料或靠近明火的环境
实验室防护服（100%涤纶）	防飞溅；防化学品；防生物液体	适用于处理生物材料的实验室和临床环境	易燃，不适用于处理易燃、自燃材料或靠近明火的环境
阻燃实验服（阻燃棉）	不耐酸腐蚀；一定的溶剂防御能力；防其他未知化学品	适用于易燃易爆品的研究实验室	处理酸等腐蚀性物质时需要使用化学防飞溅围裙；不适用于处理自燃材料

【案例分析 2-2】桑吉之死——一场引发刑事诉讼的实验室事故

案例概述：2008 年 12 月 29 日，美国加州大学洛杉矶分校研究助理桑吉在实验室取用叔丁基锂过程中自燃。由于未穿实验服，她身上的衣服着火，造成严重烧伤并于 18 天后死亡。随后，桑吉的导师和所在大学被告上法庭。据 2012 年 1 月 5 日媒体报道，美国洛杉矶地方法院一审判决导师 4.5 年的有期徒刑，学校被判处高达 450 万美元的罚款。这是美国历史上首例因科学实验室安全问题引发的刑事诉讼案件。事故现场通风橱、桑吉用过的实验用品及塑料注射器如图 2-9 所示。

图 2-9　事故现场通风橱、桑吉用过的实验用品及塑料注射器

经验教训：一系列不规范操作导致桑吉的不幸离世。

第一，事故发生时，桑吉穿着一件涤纶毛衣，并没有穿着适当的防护服，比如阻燃实验服。如果她穿上了阻燃实验服，可能会有更多的时间作出反应，从而减轻火势对她的伤害。

第二，她没有遵守处理大量自燃化学品的安全规程，包括：没有夹住试剂瓶；使用塑料注射器而不是玻璃注射器；使用短针头而不是长针头；没有使用高纯度干燥氮气对试剂瓶加压，而是用手拉活塞，这些可能会导致自燃化学品的泄漏。

第三，实验室负责人哈兰也没有对桑吉进行正确处理自燃物的培训，实验室的其他学生也都没有接受过紧急冲淋的训练。同实验室的其他两名研究人员已经在实验室工作了几个月，表示都没有接受过学校环境健康与安全（Environment Health & Safety）部门的一般安全培训。

加州大学洛杉矶分校在事故发生后的举措表明了学校对实验室安全问题的重视和决心，包括增加实验室检查频率和制定更加严格的安全标准，将每季度一次的一般安全培训增加到每月一次，以提高研究人员的安全意识和操作技能，增强他们应对潜在危险的能力；规定了研究人员在完成培训之前无法获得实验室钥匙，可以确保他们在了解和掌握相关安全规程后再进行实验操作；为使用易燃试剂的研究人员提供阻燃实验服。此外，对于关键的问题，比如灭火器或洗眼器的缺失，及缺乏 PPE，必须在 48 小时内进行纠正。

【案例分析 2-3】玻璃容器爆炸事故

案例概述：2012 年美国威斯康辛大学麦迪逊分校发生了一起实验室玻璃容器爆炸事故。一名实验人员在惰性气体中蒸馏反应混合物时，圆底烧瓶突然发生爆炸导致实验人员手部、胳膊、脸和胸部被割伤，并且通风橱起火。所幸爆炸仅限于通风橱内，实验人员未受重伤。本次事故中实验没有标准作业程序（SOP）文件。实验人员戴了护目镜但脱下了实验服，幸运的是他穿了棉质长袖衣服。化学品氢化铝锂本身易燃易爆，实验者应当穿着阻燃实验服进行实验。爆炸后的通风橱、炸损的磁力搅拌器如图 2-10 所示。

图 2-10 爆炸后的通风橱、炸损的磁力搅拌器

事故后，实验室负责人紧急关停实验室 9 天，重新梳理实验室安全条例，开展安全检查与隐患整改，重新开展培训。有毒、易燃气体实验要等到所有安全规程评估和整改实施完成后才重新开始。

经验教训：在涉及易燃易爆物质的情况下，实验人员应该穿戴适当的个人防护装备，包括阻燃实验服、护目镜或防护面罩；在实验前应仔细检查承压的玻璃容器；考虑在防护盾或通风橱下拉窗后进行实验以保护头部和身体，佩戴防护手套；考虑使用减压装置，尤其是在有空气敏感化合物的反应中；考虑小剂量使用危险化学品。

2.6 口罩

所有佩戴口罩是重要的呼吸防护措施，它可以为工人提供防护，使得实验室工作人员及所有接触有害化学物质或污染物的人员的呼吸系统免受伤害。以下是一些关于佩戴口罩的重要提示：

（1）进行医疗评估以确保佩戴者身体适合佩戴口罩。特别是有呼吸系统疾病或面部创伤的人。

（2）通过测试来确定最适合的口罩的尺寸（由于脸部的大小和形状的不同，没有一个口罩适合所有人），这将确保口罩能够紧密地贴合佩戴者脸部，以防止有害物质进入。

（3）正确地穿戴和脱下口罩，并了解如何调整口罩的紧贴度和密封性。

（4）正确地清洁和保养口罩，包括使用正确的清洁剂和储存方法。

（5）了解如何选择合适的口罩或呼吸器，以保护实验人员免受特定的化学物质或污染物的伤害。

（6）没有一种通用的呼吸器可以适用于所有化学物质。应该了解不同类型的呼吸器分别适用于哪些化学物质。例如，某些化学物质可能需要使用特定的过滤器或面罩来过滤掉有害物质。

（7）呼吸防护是实验室安全防护的重要组成部分，但在大多数情况下，工程控制比使用呼吸器防护更有效。工程控制包括稀释通风、通风橱等其他装置的使用，这些装置可以捕获并清除呼吸区域的蒸汽、烟雾和气体。

（8）一次性呼吸器（如 N95 过滤口罩）和空气净化口罩可以提供额外的防护，特别是在处理有害物质时。然而，这些呼吸器通常不适用于实验室工作人员，因为它们不是为实验室环境中的特定风险而设计的。

（9）在特定情况下，如更换有毒气体钢瓶和对化学品泄漏作出紧急反应时，佩戴呼吸器是必要的。在这些情况下，选择适合的呼吸器并遵循制造商的指南和建议非常重要，以确保安全有效地使用。

（10）称量粉状或粉末材料时，使用一次性口罩（如 N95 面罩/防尘面罩）可以提供一定程度的呼吸防护，以防止粉尘吸入。然而，这些口罩主要是为防止尘埃而非化学蒸汽或烟雾而设计的。

（11）在处理化学物质或粉末时，确保良好的通风和适当的工程控制（例如，使用通风橱、排风罩等）是更为重要的防护措施。这样可以有效地清除有毒有害物质，防止其积聚到危险水平。

（12）当处理粉末或化学物质时，考虑到同事的安全和防护，确保房间通风良好，并选择适当的个人防护措施（例如，佩戴护目镜、手套等）。应尽量避免在封闭或通风不良的区域内进行这类操作。事后及时清理工作台和周围环境，以防止粉尘或残留物对后续操作或人员健康造成潜在影响。

口罩按照功能可以分为普通口罩和医用口罩两大类。普通口罩包括棉布口罩、活性炭口罩等，主要适用于防冻、防尘和防雾霾，但不能有效地防止细菌和病毒传播。医用口罩包括一次性医用护理口罩、一次性医用外科口罩、医用防护口罩（N95 口罩）等，具有防护液体、过滤颗粒物和细菌等效用，防护级别较高。口罩的分类、使用场景及一些常见口罩的优缺点详见图 2-11。

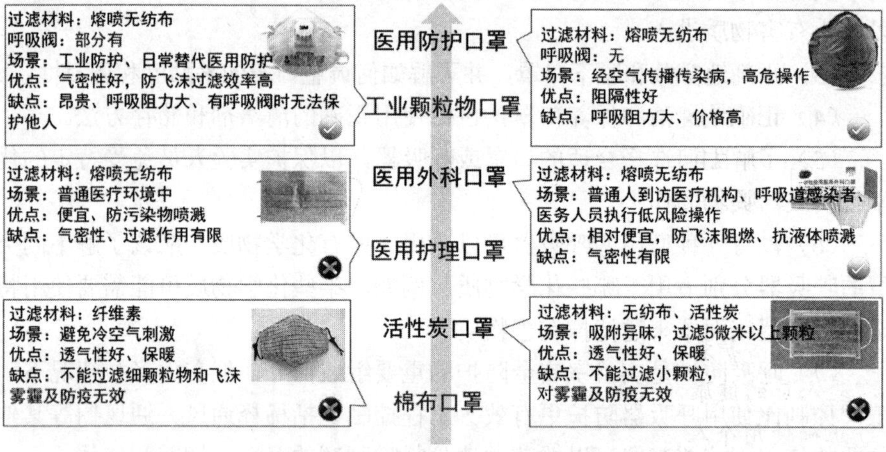

图 2-11 口罩的分类、使用场景及优缺点

2.7 听力保护

听力保护装置包括耳塞、耳罩（图 2-12）及其他保护听力的装备，可以在噪声环境下减少对听力的损害。长期暴露在超过正常水平的噪声环境中，如果不采取适当的听力保护措施，可能会导致听力损害、听力减退等问题。因此，如果无法通过工程控制或其他方法控制减少噪声，佩戴听力保护装置就成了一种必要的防护措施。

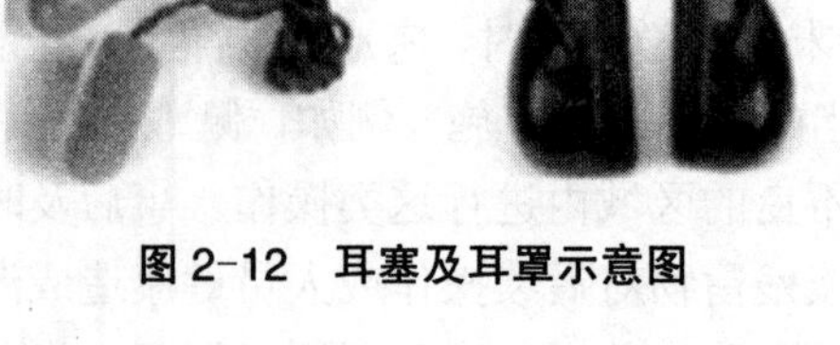

图 2-12 耳塞及耳罩示意图

2.8　足部保护

实验室工作人员和其他人员在实验室、实验室支持区域和其他含有化学品的环境中，必须始终穿着合适的鞋子，以防止潜在的生化危害和物理伤害。凉鞋或露脚趾的鞋可能无法提供足够的防护，如果鞋子被化学品污染或遇到化学物质泄漏，可能会对工作人员造成危害。鞋子应该是舒适、防滑的，以避免在行走时滑倒或摔倒。最好选择皮革鞋，因为皮革可以更好地抵抗化学品的腐蚀，并且能够较少地吸收化学物质。如果鞋子设计不适合长期直接接触化学品，那么就需要使用耐化学品的橡胶靴。这些靴子可以提供更好的防护，以防止化学品泄漏或溅到皮肤上。

关于课程思政的思考：

个人防护装备是保障实验室安全的重要组成部分，它不仅关系到每个实验人员的健康和生命安全，也是我们的职业责任和社会责任的体现。通过正确使用个人防护装备，我们展现了对生命的尊重和对环境保护的承诺，体现了科学精神与人文关怀的结合。

第3章　静电、激光及辐射防护

3.1　静电的防护

3.1.1　静电的主要危害

静电是指物体表面带有静电荷的现象。静电的主要危害如下：

（1）设备损坏。静电放电可能会对电子设备和敏感电子元件造成损坏。静电放电可以引起电路故障、数据丢失，甚至导致设备的完全损坏。

（2）火灾和爆炸风险。在易燃、易爆环境中，静电放电可能引发火灾和爆炸。当静电荷通过电火花放电时，可能引燃可燃气体、蒸汽或粉尘，造成火灾和爆炸事故。

（3）电子信号干扰。静电荷的存在可能对电子设备和通信系统产生干扰，导致数据传输错误、通信中断或设备故障。

3.1.2　易产生静电的工艺过程

易产生静电的工艺过程主要包括以下几种：

（1）固体物质大面积摩擦。

（2）固体物质的粉碎、研磨过程。

（3）粉体物料的筛分、过滤、输送、干燥过程。

（4）悬浮粉尘的高速运动。

（5）在混合器中搅拌各种高电阻率物质。

（6）高电阻率液体在管道中高速流淌或喷出管口、注入容器。

（7）液化气体、压缩气体或高压蒸汽在管道中流淌或由管口喷出。

（8）穿化纤布料衣服、高绝缘鞋的人员在操作、行走、起立等。

3.1.3　静电防护措施

为了预防静电危害，可以采取以下防护措施：

（1）减少静电荷产生。在生产工艺的设计上，采用一些措施可以减少静电荷的产生。例如，尽量减小物料的接触面积，降低压力，减少接触次数，以及降低运动和分离速度。这些措施可以减少摩擦和静电荷的积累。

（2）使用接地装置来排除静电荷。在存在静电引爆危险的场所，所有的静电导体和亚静电导体都需要通过接地装置与大地连接。金属物体应采用金属导体与大地作导通连接，而对于金属以外的静电导体及亚导体，应通过间接接地的方式与大地连接。这样可以将静电荷导入大地，防止静电荷的积累。

（3）使用防静电材料（图 3-1）。在爆炸危险场所，使用抗静电材料和地板可以减少静电的产生和积累。抗静电材料具有导电性，可以防止电荷的积累。工作人员应佩戴静电手环，穿防静电工作服和静电鞋，以减少人体带电的风险。此外，在爆炸危险场所不要穿脱衣服、帽子或类似物件，以防止产生静电火花引爆可燃气体或粉尘。

（4）增加湿度。在干燥的环境中，增加湿度可以有效地减少静电的积累和放电风险。这是因为湿度增加会使空气中的水分子增多，水分子会与静电荷结合，从而减少静电荷的积累。同时，水分子也会使空气的导电性增强，从而降低静电放电的风险。

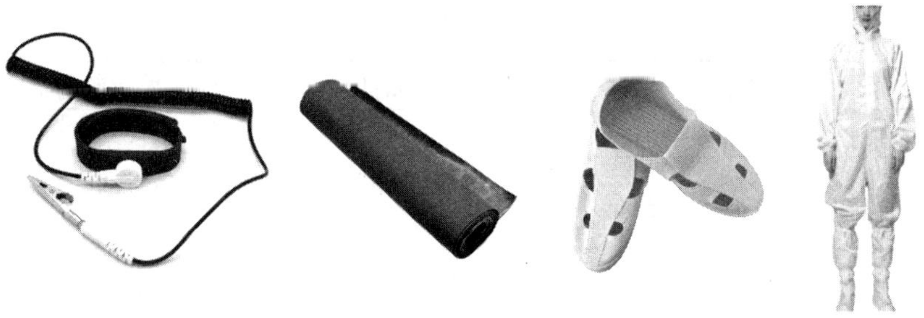

图 3-1　静电手环、抗静电材料、静电鞋及防静电连体衣示意图

3.2　激光的防护

3.2.1　激光的危害

激光是一种高强度的单色光束，具有高度聚焦和高能量密度的特点，产生激光的设备包括：激光笔、光学仪器或自制光路、光盘刻录与读取、激光焊接机、激光切割机。激光能量并不算很大，但是它的能量密度很大（作用范围一般只有一个点），短时间里会聚集起大量的能量。

激光对人体造成的危害，主要是来自激光的热效应，伤害的主要部位一般是皮肤和眼睛。激光可能带来的危害如下：

（1）视觉损伤。激光的强光束可以直接照射到眼睛，尤其是那些高功率和聚焦的激光，它们能够产生足够的热量灼伤视网膜，导致视力损害。这种伤害可能是暂时的，也可能是永久的，严重时甚至可能导致失明。

（2）皮肤损伤。高功率激光能够引起皮肤烧伤。因为激光的能量密度很高，可以穿透皮肤并破坏下面的组织。这种伤害可能是暂时的，也可能是永久的，严重时可能需要进行皮肤移植。

（3）火灾和爆炸风险。激光的高能量密度可能引起可燃物燃烧，尤其是在易燃或爆炸性环境中。这可能导致火灾和爆炸，造成严重的财产损失和人员伤亡。

（4）长期影响。暴露在激光辐射下可能引起头痛、眩晕、恶心和其他不适。长期暴露在激光辐射下可能对神经系统和内分泌系统产生影响，包括影响大脑功能、引发癌症等。

不同光谱范围激光过量光照对眼睛和皮肤的潜在危害如表 3-1 所示。

表 3-1 过量光照对眼睛和皮肤危害一览表

<table>
<tr><th>光谱范围</th><th>对眼睛的危害</th><th>对皮肤的危害</th></tr>
<tr><td>紫外辐射 C（180 nm～280 nm）</td><td rowspan="2">光致角膜炎</td><td rowspan="2">红斑（阳光灼伤）、加速皮肤的老化过程、色素沉着</td></tr>
<tr><td>紫外辐射 B（280 nm～315 nm）</td></tr>
<tr><td>紫外辐射 A（315 nm～400 nm）</td><td>光化学白内障</td><td rowspan="2">色素加深、光敏感作用、皮肤灼伤</td></tr>
<tr><td>可见光（400 nm～780 nm）</td><td>光化学和热效应所致的视网膜损伤</td></tr>
<tr><td>红外辐射 A（780 nm～1400 nm）</td><td>白内障、视网膜灼伤</td><td rowspan="3">皮肤灼伤</td></tr>
<tr><td>红外辐射 B（1.4 μm～3.0 μm）</td><td>白内障、水分蒸发、角膜灼伤</td></tr>
<tr><td>红外辐射 C（3.0 μm～1 mm）</td><td>仅为角膜灼伤</td></tr>
</table>

3.2.2 激光的防范措施

为了减少激光的潜在危害，应采取以下防范措施：

（1）在工作场所内设置激光危险警示标志（图 3-2），以提醒工作人员注意激光的安全使用。这些标志包括激光危险警告、使用准则、紧急处理程序等。

（2）确保使用的激光设备符合相关的安全标准和规定。遵循激光设备操作手册中的安全指南，包括设备的安装、使用、维护和故障排除等环节。

（3）对于需要使用激光设备的人员，提供相应的培训和指导，使其了解激光的危害、安全操作方法和紧急处理程序。这可以帮助员工更好地掌握激光的安全使用，并减少因操作不当造成的危害。

（4）对于需要接触激光的工作人员，应使用适当的 PPE（图 3-3），如激光防护眼镜、防护面罩、防护手套等，以保护眼睛、皮肤和其他暴露的器官。这些防护装备应根据激光的功率、波长和操作距离等进行选择和配置。

（5）采取积极的屏蔽措施、安全隔离和其他控制手段，确保激光束不会直接照射到人体。这包括使用适当的遮挡物、安全距离控制、光束控制器等。

（6）实验操作人员应定期进行眼部检查，以便及时发现和治疗与激光相关的眼部问题。这可以通过专业的眼科医生或医疗机构进行，确保员工的眼睛健康。

图 3-2　激光危险警示标志

图 3-3　激光防护眼镜、防护服、防护面罩和防护手套示意图

【案例分析 3-1】应用激光不慎导致眼底损伤

案例概述：香港大学眼科学系教授在研究中分享了一例美容师应用激光不慎导致眼底损伤的案例。患者为 31 岁女性，美容技师，在操作 1064 nm 波长 Nd：YAG 激光美容机时不慎将激光头对准眼睛，导致左眼受伤。当时激光头距离眼睛大约 10 cm 到 20 cm，患者听到“啪”的一声，并立刻感觉到

左眼前有黑影及视物模糊。患者称当时戴着“太阳眼镜”，但并不确定是否有激光防护作用，也不确定激光的功率和时长等设置。

眼睛是人体最“娇嫩”的器官之一，对激光也最敏感。英国医学激光协会在 2003 年分析了多起激光事故导致的医疗病例，尽管原因和损伤部位各不相同，但眼伤以占所有事故约 1/3 排在第一位，主要原因是操作失误（67 %）和仪器问题（25%）。视网膜脆弱，激光带来的损伤尤其严重，近红外光（400 nm～1400 nm）容易导致视网膜受损。这一波段的激光被眼球的屈光介质聚焦在视网膜上，辐照度可增加 105 倍，使视网膜上的能量大大增加。而紫外波段（290 nm～400 nm）和远红外波段（1400 nm～10600 nm）的激光大多数被角膜和晶体吸收，可导致这些部位的损伤。

经验教训：（1）激光器使用者一定要避免侥幸心理，应按照 SOP 操作激光器；（2）受伤者佩戴了太阳镜，无法有效防护，应佩戴专业激光防护眼镜；（3）受伤者所使用激光器为 1064 nm 波长的 Nd：YAG 激光器，波长处于红外区，人的肉眼不可见，增加了危险性。

3.3 电磁辐射的防护

电磁辐射是一种复合的电磁波，电磁辐射根据频率和能量的大小可以分为电离辐射和非电离辐射。

电离辐射的频率和能量较高，例如 X 射线和伽玛射线。这些辐射有足够的能量使原子和分子电离，也就是从原子或分子中移除一个或多个电子。这种电离作用可以破坏生物体内的细胞结构和功能，因此对人体健康具有较大的潜在危害。

非电离辐射的频率和能量较低，不能使原子或分子电离。这种辐射主要来自日常生活中的电子设备，如电脑、手机、电视等。虽然这些设备产生的辐射对人体有一定的影响，但因为其能量和频率较低，不能破坏分子内部紧密连接在一起的化学键，因此危害相对较小。

3.3.1 电磁辐射的危害

电磁辐射是指电磁波在空间中传播时释放的能量。对人体来说，电磁辐射可能带来一些潜在的危害，具体如下：

（1）热效应。当高功率的电磁辐射，尤其是微波和无线电频段的辐射，照射到人体时，可能会产生热能，导致人体升温。这就是为什么长时间使用手机（如“煲电话粥”）会让人感觉到耳朵发热。长期暴露在高水平的电磁辐射下可能会导致组织损伤、烧伤和其他健康问题。

（2）细胞和基因损伤。一些研究发现，长期暴露在较高水平的电磁辐射下可能会导致 DNA 损伤和细胞基因突变，这些变化可能与癌症和其他慢性疾病有关。电磁辐射可能会影响细胞内的分子和生物化学过程，导致细胞功能异常或受损。

（3）生殖和发育问题。一些研究表明，长期接触电磁辐射可能会对生殖系统和胎儿发育产生负面影响，包括生育能力下降、胚胎发育异常和儿童行为和认知问题。电磁辐射可能会影响生殖细胞的正常分裂和分化，也可能影响胎儿器官和系统的发育。

（4）睡眠和神经系统问题。暴露在电磁辐射下可能会影响睡眠质量和神经系统功能。长期暴露在较高水平的电磁辐射下可能会导致失眠、注意力不集中、头痛和其他神经系统相关的问题。电磁辐射可能会干扰神经细胞的信号传输，影响神经系统的正常功能。

3.3.2　电磁辐射的预防措施

随着能量的升高，电磁辐射对人体的危害也会增大，因此采取适当的预防措施是非常必要的。下面是一些有效的预防措施：

（1）在工作场所内设置辐射警告标志（图 3-4），以提醒工作人员注意安全。

（2）尽量远离辐射源，特别是高功率的无线设备和微波辐射源。

（3）尽量避免长时间接触电磁辐射的情况。

（4）必要时，使用适当的防护设备，如屏蔽或吸收电磁辐射的材料。

（5）遵循相关的安装指南和措施，特别是在工作场所和公共场所。

（6）在工作场所内设置辐射监测仪器，及时监测辐射水平，以确保工作人员的安全。

图 3-4　非电离辐射的标志（如低频的电磁辐射）

3.4 核辐射的防护

3.4.1 核辐射的危害

核辐射是一种来自原子核的能量释放，会产生高能粒子和电磁辐射。这些高能粒子和电磁辐射对人体有害，可以穿透人体组织，并对 DNA 和其他细胞成分造成损伤，导致癌症和其他健康问题。在核电站发生事故时，泄漏的核辐射主要包括 γ 射线、中子、α 粒子、β 粒子等。这些辐射对人体危害很大，必须采取紧急防护措施，例如疏散和隔离受影响区域、提供应急补救措施等。

表 3-2 列出了人类生活方式中涉及的低剂量辐射。这些辐射虽然不会立即对人体造成伤害，但长期接触高剂量辐射会增加癌症和其他健康问题的风险。因此，必须采取适当的防护措施来减少低剂量辐射的影响。

表 3-2 人类生活方式中涉及的低剂量辐射

类型	剂量水平(mSv/a)
看电视每天 2 小时	<0.01
夜光表	0.02
乘飞机 2000 km	0.005
家用天然气(局部)	0.06～0.09
假牙(局部)	0.001
吸烟每天 20 支(“钋弹”)	0.5～1.0
诊断 X 射线人均年有效剂量	0.3
CT 人均单次年有效剂量	8.6
火力发电厂带来的照射	0.005
核电站附近	0.001～0.02
核设施附近	0.001～0.2

核辐射的主要危害包括：

（1）细胞损伤。核辐射可以直接作用于细胞和组织，破坏 DNA，导致细胞死亡。这种损伤可以影响身体的正常功能，增加患癌症的风险，并可能导致各种健康问题，如心脏病、糖尿病等。

（2）癌症。长期接触核辐射会显著增加患癌症的风险。辐射可以破坏

DNA，增加细胞突变成癌细胞的可能性。在许多情况下，这种影响可能需要数年或数十年才能显现出来。

（3）遗传影响。核辐射对生殖细胞的损伤可能导致遗传物质的突变，这种影响可能会遗传给后代。尽管这些影响可能在几代人后不那么明显，但了解和预测这种长期影响仍很困难。如图 3-5 所示设置电离辐射标志，包括高频的电磁辐射和核辐射。

（4）辐射病。高剂量的核辐射暴露可能导致辐射病，其症状包括恶心、呕吐、腹泻、发热、贫血等。高剂量辐射可以破坏造血系统和免疫系统，使得机体更容易受到感染和出血。

图3 5　电离辐射的标志

3.4.2　核辐射的预防措施

为了减少核辐射的危害，必须采取以下预防措施：

（1）建立完善的辐射防护体系。对于任何涉及核辐射的工作，必须建立完善的辐射防护体系，包括使用防护设备、穿着防护服、佩戴个人剂量计等措施，以减少辐射对人体的伤害。

（2）定期进行辐射监测。对于任何涉及核辐射的工作，必须定期进行辐射监测，以便及时发现和解决潜在的安全隐患。

（3）避免接触放射性物质。任何人都应该尽可能避免接触放射性物质，以减少辐射对人体的伤害。

（4）注意饮食安全。在核辐射环境下，要注意饮食安全，避免摄入被污染的食物和水。如果只能摄入被污染的食物和水，必须采取相应的措施，如清洗、去皮、烹饪等，以减少摄入的放射性物质的数量。

（5）保持室内通风。在核辐射环境下，要注意保持室内通风，以减少空气中放射性物质的数量。如果室内通风不良，会增加空气中放射性物质的数量，从而增加对人体健康的危害。

（6）合理安排工作时间。在核辐射环境下工作的人员，要注意合理安排工作时间，避免长时间连续工作，以减少辐射对人体的伤害。

（7）使用防辐射器材。在核辐射环境下工作的人员，可以使用防辐射器材，如辐射防护器、电磁辐射防护器等，以减少辐射对人体的伤害。

【案例分析 3-2】长期暴露在放射性物质辐射下的居里夫人

案例概述：1934 年 7 月 4 日，两次诺贝尔奖获得者居里夫人，因长年过量暴露于电离辐射，患再生障碍性贫血病而死。在当时，人们还没有充分了解电离辐射对人体的危害，没有开发防护措施，也没有制定相应的安全标准和规定。她随手将装有放射性同位素的试管放进口袋，或是随随便便放在办公桌抽屉里，还描述过它在暗夜中散发的幽光。居里夫人一战期间在战地医院服务时，也暴露在 X 射线辐射下。最终，她因长时间暴露在辐射下而患上多种慢性疾病，导致再生障碍性贫血和其他健康问题。居里夫人在 19 世纪 90 年代完成的论文手稿因带有高放射性而没有予以整理，甚至连她的食谱都具有高放射性。她的论文手稿被保存在铅盒中，参阅者需穿防护服。

经验教训：居里夫人的故事是一个科学和人类健康的重要历史案例。她的贡献和遭遇展示了科学研究与安全防护的重要性。虽然当时人们对电离辐射的危害还不清楚，但现在我们已经有了足够的知识来处理这类问题。这也提醒我们在面对新的科学发现和技术时，应保持警惕，了解其可能的长期影响。

关于课程思政的思考：

对于静电、激光及辐射等物理现象，应该以科学的态度对待，了解其原理和应用，消除对它们的恐惧感；时刻珍爱生命，将安全放在首位，采取有效的防护措施，确保自身和他人的安全；对于可能产生的静电、激光及辐射等危害，应该采取预防为主的策略，提前采取措施进行防护；遵守相关规定和要求，正确使用设备和方法，避免因操作不当而引发安全事故。

第 4 章　事故应急处置

4.1　酿成火灾事故的直接原因

实验室火灾事故的直接原因可以归纳为以下几点：

（1）电气设备故障。当电气设备过载、短路、断线、接点松动、接触不良、绝缘性下降时，会产生电热和电火花，这些电火花有可能引燃周围的易燃物，导致火灾事故的发生。

（2）易燃易爆危险品处理不当。易燃易爆危险品在储存和使用中，如果处理不当，可能会自燃或爆炸，从而引发火灾事故。

（3）实验室设备使用不当。实验室中的煤气灯、酒精灯或酒精喷灯、电烘箱、电炉、电烙铁等设备，如果使用不当或出现故障，可能会引发火灾事故。

（4）操作不当。在进行蒸馏、回流、萃取、重结晶、化学反应等实验操作时，如果操作不当或没有遵守相关的安全规程，可能会引发火灾事故。

（5）人员失职。实验室工作人员如果擅离职守，没有及时发现实验反应过度或异常现象，或者仪器设备运转时间过长，都可能导致温度过高引起着火。

4.2　爆炸性事故的常见类型

爆炸性事故大多发生在含有易燃易爆物品和压力容器的实验室。爆炸性事故包括以下常见类型：

（1）可燃性气体爆炸。如氢气、乙炔、氨气等气体泄漏或遇到火源，就可能发生爆炸。

（2）化学品爆炸。如硝化纤维素、三硝基甲苯等具有爆炸性的化学品受到摩擦、撞击或遇到火源，就可能发生爆炸。

（3）活泼金属爆炸。如钠、钾、镁等，在遇到水或氧气时会产生剧烈的化学反应，并可能导致爆炸。

（4）高压容器爆炸。如高压釜、高压反应器等，如果超过其承受压力，就可能发生爆炸。

（5）粉尘爆炸。如镁粉、铝粉、面粉等，在空气中达到一定浓度时遇到火源就可能发生爆炸。

4.3 酿成爆炸事故的主要原因

实验室发生爆炸事故的主要原因如下：

（1）违反操作规程，添加错误试剂、剂量过大或添加速度过快导致试验体系放热过快，能量聚集导致爆炸。

（2）搬运易燃易爆危险品时，使爆炸品受热、撞击、摩擦等引起爆炸。

（3）存储或处理易燃易爆危险品的通风设备老化、工作性能下降导致泄漏的易燃易爆物品与空气或其他氧化剂反应引起燃烧或爆炸。

（4）超量存放的化学品受热、受潮或遇到火源等引起燃烧或爆炸。

（5）混合存储的氧化性物质和还原性物质发生化学反应，产生大量的热量和气体导致爆炸或燃烧。

（6）普通冰箱中存放闪点低的有机溶剂（具有较高的易燃性），冰箱通电时产生的电弧火花引燃冰箱内的可燃性气体导致爆炸事故。闪点是材料或制品与外界空气形成混合气与火焰接触时发生闪火并立刻燃烧的最低温度。

4.4 预防火灾、爆炸的措施

4.4.1 引发火灾三要素

引发火灾的三要素包括可燃物、助燃物（氧化剂）和点火源，具体解释如下：

（1）可燃物，指可以燃烧的物质，包括木材、纸张、衣物、汽油、柴油、酒精、氢气、一氧化碳、煤气、天然气（沼气）、液化气等。这些物质在遇到火源或其他能量源时，可能会发生燃烧反应。

（2）助燃物（氧化剂），指可以促进燃烧的物质，包括空气、氧气、氯气和氯酸钾等氧化剂。这些物质在与可燃物接触时，可以发生氧化还原反应，使燃烧过程加速，并释放出大量热量。

（3）点火源，指可以引发燃烧的能源，包括明火、高温表面、摩擦、碰撞、电气火花、静电火花和化学反应等。常见的明火包括打火机、火柴、烟蒂等；两块石头或金属相互撞击可以产生高温和火花；织物或纸张之间的摩擦也可以产生静电和火花；当电路中的电流过大或电气设备温度过高时，可能出现电气火花；电器的触点在闭合和断开过程中、插销的插入和拔出过程中、按钮和开关的断合过程中等也可能产生电气火花；某些化学物质之间相互作用可以产生高温和压力，引发燃烧反应。

4.4.2　消除可燃物，防止助燃物泄漏

预防火灾和爆炸需要采取综合措施，包括消除可燃物、防止助燃物泄漏、消除点火源及控制火灾和爆炸的蔓延等。消除可燃物、防止助燃物泄漏的建议如下：

（1）减少或避免使用易燃易爆物。对于一些实验，可以使用非易燃易爆的替代物。例如，乙醚等低沸点溶剂比高沸点溶剂在常温下更容易蒸发和扩散，因此更容易形成爆炸性混合物。沸点在 110 ℃以上的溶剂常温下通常不易形成致使爆炸的混合物。

（2）封闭容器储存易燃易爆品。在室内储存易燃易爆品时，应将容器封闭保存，以避免气体泄漏和空气混合，从而降低火灾风险。

（3）处理尾气和废液。对于实验室进行反应即时产生的尾气，不能密闭存储。少量尾气要通入下水道，大量尾气要加以吸收或回收，消除安全隐患。废液也应该按照相关规定进行妥善处理，避免引起火灾或爆炸。

（4）通风稀释浓度。通过自然通风和机械通风的方式，可以降低易燃、易爆和有毒物质的浓度，从而降低火灾风险。

（5）充入惰性气体。在可燃气体、蒸汽和粉尘与空气的化合物中充入惰性气体，可以降低氧气和可燃物的比例，使化合物气体达不到最低燃烧或爆炸极限，从而降低火灾风险。

（6）监控和报警系统。实时监测室内易燃易爆物的含量是否达到爆炸极限，在可能泄漏可燃品或易爆品区域安装监控系统和报警装置，以便及时发现异常情况并采取相应措施。

4.4.3　消除点火源

为了消除点火源，可以采取以下措施：

（1）在易燃易爆场所不得使用酒精灯、煤气灯、喷灯、火柴、打火机、蜡烛、电吹风、电炉等。

（2）在办公室、库房、实验室等场所禁止吸烟。

（3）可燃物（如木材、纸张、布料等）不能靠近表面发热的电气设备（如白炽灯泡、电炉、电吹风等）。

（4）在使用存储易燃易爆品场所，应选用合格的电气设施，最好是防爆电器。

（5）为防止静电和电磁感引起火花和放电，电气设备应接地。

（6）应建立常规的检查和维修制度，防止线路老化、短路等问题。

（7）进入实验室时，避免脱衣服、梳头、穿着带钉子或金属鞋掌的鞋，或者穿着易产生静电的化纤类服装，最好穿防静电服装，如实验服、防护服、静电鞋和手套。

（8）房间入口处设有接地的扶手、支架等设备以导出人体内的静电。

4.4.4 控制火灾和爆炸的蔓延

物质在起火后的十几分钟内，燃烧面积还不大，烟气流动速度还比较缓慢，火焰辐射出的能量还不多，周围物品开始受热，温度上升不快，此时是灭火的最有利时机，也是人员安全疏散的最有利时段。

设法把火灾及时控制、消灭在初起阶段可采取以下措施：

（1）可燃液体燃烧时，应该立即移开附近的可燃物，以防止火势扩大。

（2）关闭通风设备以减缓火势的扩大。

（3）窗帘、实验台面、实验柜、药品柜和通风橱等实验室设施应避免使用易燃品材质。

（4）选择具有防爆功能的通风橱，具有危险性的实验应在通风橱内操作。

（5）发现烘箱有异味或冒烟时，应迅速切断电源，使其慢慢降温，并准备好灭火器备用。千万不要急于打开烘箱门，以免突然供入空气助燃（爆），引起火灾。

（6）实验室必须配备足够的消防器材，例如灭火毯、灭火器、消防沙桶等。

（7）对实验室人员进行安全知识和技能的培训，熟悉实验室内灭火器材的位置，会熟练且正确地使用相关消防器材，在安全撤离时会关闭相应的防火门。

4.5　火灾应急处置

4.5.1　火灾应急处置设施

4.5.1.1　灭火器的分类

灭火器按照灭火剂的类型，主要分为以下 3 种：

（1）泡沫灭火器。这类灭火器属于水基灭火器，主要是基于二氧化碳既不能燃烧，也不支持燃烧的特性开发出来的。

（2）干粉灭火器。干粉灭火剂一般分为 BC 干粉灭火剂（含碳酸氢钠）和 ABC 干粉（含磷酸铵盐）灭火剂。

（3）二氧化碳灭火器。在高压下，将液体二氧化碳存储在小钢瓶中，灭火时喷出，二氧化碳能够覆盖在火源上，隔绝氧气使火焰熄灭。

不同类型的火灾需要使用不同种类的灭火器，因此了解各种灭火器的适用范围和正确使用方法非常重要。灭火器的分类及适用情况如表 4-1 所示。

表 4-1　灭火器的分类及适用情况

<table>
<tr><th colspan="2">灭火器种类</th><th>成分</th><th>适用火情</th><th>不适用火情</th></tr>
<tr><td rowspan="2">干粉灭火器</td><td>BC 干粉灭火器</td><td>碳酸氢钠</td><td>易燃液体、可燃气体、电气设备的初起火灾</td><td rowspan="2">贵重设备、珍贵物品、活泼金属</td></tr>
<tr><td>ABC 干粉灭火器</td><td>磷酸铵盐</td><td>固、液、气火灾</td></tr>
<tr><td rowspan="2">水基灭火器</td><td>清水灭火器</td><td>水</td><td>扑救固体火灾即 A 类火灾，如木材、纸张、棉麻、织物等的初期火灾</td><td rowspan="2">电器、金属、气体、遇水反应物</td></tr>
<tr><td>泡沫灭火器</td><td>水、表面活性剂</td><td>水溶性易燃、可燃液体火灾、A 类火灾</td></tr>
<tr><td>二氧化碳灭火器</td><td>二氧化碳灭火器</td><td>CO_2（液）</td><td>易燃液体及气体的初起火灾，也可扑救带电设备（小于 600V）的火灾</td><td>超过 600V 电器须先断电、金属</td></tr>
</table>

大量的火灾表明，在火灾的初起阶段有效扑灭的成功率为 95%左右。当火势很小且没有蔓延，可以在 30 秒或更短的时间内扑灭时，可以选择合适的灭火器材扑灭。如果 3 分钟还没有将火扑灭，应尽快撤离现场并拨打紧急电

话报警。

4.5.1.2 灭火器的使用方法

如图 4-1 所示，灭火器的使用方法如下：

（1）取出灭火器提到起火点附近，站在火场的上风向位置。

（2）拔掉保险销。

（3）一只手握紧喷管，另一只手压下手柄。

（4）喷嘴瞄准火焰根部进行扫射。

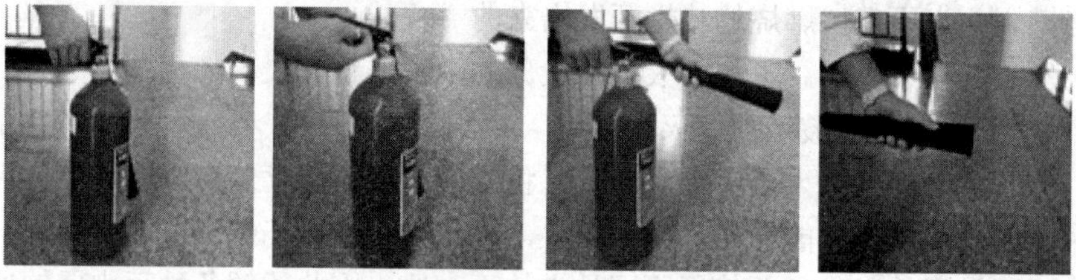
1. 提起灭火器
2. 拔下保险栓
3. 用力压下手柄
4. 对准火源扫射

图 4-1 灭火器的使用方法

4.5.1.3 消防沙箱

消防沙箱是一种常见的灭火装备，通常用于扑灭不能用水扑救的火灾，如油着火、电器火灾等。沙土可以起到覆盖隔离的作用，将火焰与空气隔绝，从而扑灭火灾。

在使用沙土灭火时，需要注意以下两点：

（1）沙土必须保持干燥，潮湿的沙土会降低灭火效果。

（2）沙土不可用来扑灭爆炸或易爆物引起的火灾，以防止沙子因爆炸迸射出来造成人员伤害。

在使用沙土扑灭火灾时，需要注意自身的安全。在有爆炸危险的情况下，应使用专业的消防器材，并及时拨打 119 火警电话。

4.5.1.4 灭火毯

灭火毯是一种常见的灭火工具，它通常由玻璃纤维等材料制成，可以有效地隔离热源和火焰，帮助扑灭初期火灾。

灭火毯及使用方法示意图如图 4-2 所示，以下是对灭火毯使用方法的详细说明：

（1）在火灾初起阶段，将灭火毯直接覆盖住火源，这可以有效地隔离空气中的氧气，使火焰无法继续燃烧。

（2）采取积极的灭火方式，如使用灭火器、水桶等工具，对灭火毯进行浇水或喷射灭火剂等措施，直至着火物熄灭。

（3）如果火灾已经发生，将灭火毯披在身体上可以有效地保护自己不受火焰的伤害。在逃离火场时，要注意采取低姿势或匍匐前进的方式，以避免火焰和高温气体对头部和呼吸系统的伤害。

（4）灭火毯应放置在方便易取之处，以便在紧急情况下迅速使用。如果灭火毯有损坏或污损，需要及时更换，以确保其有效性。

需要注意的是，灭火毯并不能替代专业的消防器材，如果火灾无法控制，应立即拨打 119 火警电话，并尽快逃离现场。同时，在使用灭火毯时要注意避免触碰到高温物体或火焰，以免造成烫伤等伤害。

图 4-2　灭火毯及使用方法示意图

4.5.2　灭火方式的选择

以下是关于实验室灭火方式选择的一些建议：

（1）酒精和其他可溶于水的液体着火时，用水灭火是有效的。因为水可以快速降温，并且能够稀释液体浓度，降低燃烧的化学反应速度。

（2）汽油、乙醚、甲苯等有机溶剂着火时，不能用水来灭火。这是因为这些有机溶剂会浮在水面上，导致火势扩大。使用石棉布或黄沙可以有效地吸收热量和隔绝空气，从而扑灭火焰。这些材料也不会与有机溶剂发生化学反应，不会导致火势扩大。

（3）金属钾、钠或锂着火时，也不能用水基或二氧化碳灭火器来扑灭。这是因为这些金属能够与水发生剧烈的化学反应，产生氢气和热量，使火势更加严重。而二氧化碳也不能使用，因为这些金属能够与二氧化碳发生反应，产生助燃的效果。可以使用干砂或黄沙来扑灭火焰，因为它们可以吸收热量和隔绝空气，达到灭火的效果。

（4）电气设备导线等着火时，不能用水及泡沫灭火器来扑灭。因为水能够导电，可能会导致触电事故。同时，泡沫灭火器产生的泡沫也能够导电，同样存在安全隐患。应该先切断电源，再用二氧化碳或四氯化碳灭火器来扑灭火焰。这两种灭火剂不会导电，而且不会对电气设备造成损害。

4.5.3 报警注意事项

在遇到紧急情况并需要报警时，以下是一些需要注意的事项：

（1）出现任何紧急情况，包括火灾、化学品泄漏、伤害、事故、爆炸等，拨打 119。

（2）如出现人员伤亡同时拨打 120，并向实验室负责人、各级主管逐级汇报。

（3）告知事件的地点，事故性质及严重程度，求助人姓名、所处位置及联系方式。

（4）实验室发生安全事故时，优先处置次序：①保护本人及他人的人身和生命安全；②保护公共财产；③保存学术资料。

4.5.4 发现火情或闻到烟味后处置

当发现火情或者闻到烟味后，应该采取以下措施进行处置：

（1）拉响最近的火警报警装置或大声提醒其他人，发出警报。

（2）拨打 119。

（3）尽快找到最近的安全出口，远离火源，然后向指定的集结点集合。

（4）关上逃生出口的门，防止火势或烟雾通过逃生出口扩散到其他楼层或区域。

（5）只有当救援人员确认大楼是安全的并且解除警报后，才能安全进入大楼。

4.5.5 逃生注意事项

在火灾中逃生时，需要注意以下事项：

（1）在任何情况下，都应确保楼梯、通道、安全出口等逃生通道畅通无阻，不得堵塞或占用消防通道，防止在紧急情况下无法顺利逃生。

（2）在火灾逃生时，一定要密切关注指示牌、疏散图等指示，按照指示方向迅速撤离。这可以避免迷路或进入危险区域。

（3）在火灾发生时，要迅速疏散易燃易爆物品，以防止火势扩大或发生爆炸。这可以减少火势蔓延和财产损失。

（4）发生火灾时，若火势较小且威胁不大，当周围有足够的消防器材（灭火器、消防栓等）时应尽力将火势控制、扑灭。若火势过大，无法及时扑灭，应果断迅速撤离。在灭火过程中，一定要保持冷静，注意观察火势情况，并采取适当的措施进行灭火。

（5）遇火灾逃生时要迅速撤离，以免错过最佳逃生时间。在火灾发生时，人们往往会因为留恋财物而耽误撤离时间，导致不必要的损失和危险。

（6）遇火灾逃生时把重心放低匍匐向前，沿墙面逃生，防止烟气被人体吸入。这种方法有助于避免吸入有毒烟雾和烟尘。同时，还可以避免触碰到高温和火焰。

（7）遇火灾逃生时不要随便打开已经发烫的门窗，防止大火蹿入室内，要用浸湿的被褥、衣物等堵住门窗的缝隙，并泼水降温。这种方法可以防止火势蔓延和高温进入室内，同时也可以降温以保护自己和周围的人。

（8）火灾中可利用阳台、下水管等逃生自救，或用绳子、床单或被套紧拴在窗框、铁栏杆等固定物上，用毛巾、布条等保护手心，下到未着火的楼层再想办法脱险。这种方法有助于寻找安全的逃生路线和自救方式。

（9）若逃生路线被大火封锁，应立即退回室内，晃动颜色鲜艳的衣物，抛掷晃眼的物品，晃动手电筒，敲击东西，及时发出有效的求救信号，等待救援。如果逃生路线被封锁无法撤离，应尽快寻找其他安全地点，如避难层、疏散楼梯间等，并利用鲜艳的衣物或光源等发出求救信号等待救援。

（10）失去自救能力时，应努力滚到墙边或门边，以便于消防人员寻找、营救等。如果无法自救或被困无法脱险时，应尽量靠近墙边或门边，以便消防人员更容易发现并营救。同时，也可以用鲜艳的颜色或光源等吸引救援人员的注意。

总之，这些逃生注意事项是在火灾发生时保持冷静、迅速撤离的重要步骤。掌握这些方法可以最大限度地保护自己和他人的安全。

4.5.6　火灾逃生正确的做法

火灾逃生的正确做法包括以下方面：

（1）应该尽量往楼上的安全出口逃生，避免被困在火场中。在高层建筑中，火势往往从低层向高层蔓延，因此如果楼下已经着火，那么楼上可能也是浓烟滚滚，十分危险。

（2）应该选择安全的逃生路线，避免向人群聚集的方向逃跑。在火灾发生时，人们往往会盲目跟随人群，但这种行为可能会导致逃生通道拥堵，反而影响逃生。

（3）应该选择楼梯等安全通道进行逃生。在火灾发生时，电梯可能会因停电或故障而无法使用，此时使用电梯逃生可能会被困在电梯中，增加危险性。

（4）在火灾现场应该保持冷静，观察周围环境并寻找安全的逃生路线。在火灾发生时，燃烧的地方往往会伴随着浓烟和高温，这些因素可能会影响人们对火源位置的判断。因此，在火灾发生时，不能仅仅依靠亮度来判断哪里是安全的逃生路线。

（5）选择安全的逃生路线，避免原路返回。在火灾发生时，原路逃生是人们下意识的做法，但往往因为火势过大、烟雾弥漫等原因导致逃生通道不畅，错过最佳逃生时间。

（6）衣服着火时，立即用石棉布或厚外衣盖熄，或者迅速脱掉衣服，减少火势蔓延。奔跑会加速火势的蔓延，增加危险性。

（7）避免穿着化纤材质的衣服。当人身体起火时，应立即脱掉化纤材质的衣服，这种材质的衣服着火后会迅速融化并黏附在身体表面，可能会造成严重的烧烫伤。

（8）选择安全的逃生路线进行逃生，避免采取危险的跳楼跳窗等行为。火灾发生时，不少人可能会失去理智直接跳楼跳窗，这种做法往往会造成更严重的次生伤害，如骨折、内脏受伤等。

【案例分析 4-1】火灾惊慌跳楼身亡

案例概述：2008 年 11 月 14 日，上海某大学宿舍楼 602 室发生火灾，失火房间内 4 名女生慌不择路从 6 楼跳下不幸身亡。据同一宿舍楼 5 楼的一名女生说，602 宿舍起火后，该宿舍有 2 名女生先后跑出去求救，等回来后，发现 602 宿舍门已经无法打开，由于 602 宿舍内的火势很大，留在 602 宿舍的 4 名女生只能跑到阳台上，并最终从阳台上跳了下来。

经验教训：以下是遇到本案例类似紧急情况的一些建议。

（1）火灾发生时，不要惊慌失措或冒险行动，这可能会增加自己或者他人的危险。

（2）尽快找到安全的逃生路线，比如消防通道、安全出口等。如果这些路线被火势封住，寻找其他可能的逃生方法，比如通过窗户呼救或寻找避难所。

（3）如果逃生路线被烟雾所阻隔，用湿布或衣物捂住口鼻，尽量压低身体逃离。这样可以减少吸入有毒烟雾的可能性。

（4）在火灾发生时，电梯可能会因电力中断或故障而停运，使用电梯会增加被困的风险。

（5）如果无法自行逃生，尽快拨打火警电话或向他人求救，告之位置和情况，并尽可能提供更多有用的信息。

最后，这起事件也提醒我们，每个人都应该了解基本的火灾应急处理知识和技能，并定期参加紧急情况演练。在紧急情况下，这些知识和技能可能会救你一命。

4.6　急救

4.6.1　急救注意事项

如果事故现场有伤员需要紧急医疗援助，请立即拨打 120 紧急救援电话请求救护车并同时遵循以下救助措施：

（1）保护受害人。首先，最重要的是确保伤员不会受到进一步的伤害。如果需要，应将伤员从危险的环境中移至安全的地方，如从危险化学物质泄漏的区域移至安全的区域。

（2）就地医疗救助。如果移动伤员可能会造成进一步的伤害，应考虑在原地进行医疗救助。如果可能的话，应尽快对伤员进行急救处理，以防止伤势恶化。

（3）急救措施。如果你受过相关的培训并具有适当的急救设备，可以在安全的环境下为伤员提供急救措施，例如 CPR（心肺复苏术）或止血。这可以增加伤员生存的机会，直至专业救援人员到达。

（4）程序化急救处理。可以按照以下程序进行程序化急救处理。

除去污染物。首先应除去伤员身上的所有污染物，例如泥土、血迹等物质。

冲洗。用清水冲洗伤员的伤口和周围皮肤，以清除任何残留的污染物。

共性处理。对伤员进行一般性的急救处理，例如检查呼吸、心跳和意识状态等情况。

个性处理。根据伤员的特定伤情进行急救处理，例如止血、固定骨折部位和实施心肺复苏术。

转送医院。在急救处理后，应将伤员安全地送往医院接受进一步治疗。

（5）污染衣物的处理。在处理伤员之前，要特别注意处理其污染的衣物。

如果衣物上沾有污染物，应避免将污染物接触到皮肤或伤口上。在处理伤员的伤口或身体之前，应先脱下污染的衣物并妥善处理，以防止继发性损害发生。

4.6.2 急救包

实验室配备的急救包应放置在醒目位置并张贴清晰的提示标志。实验室应专门指定负责人来维护该急救包，培训实验室人员要学会使用急救包进行急救，急救包过期后应及时更换。

急救包内备有下列药剂和用品：

（1）消毒剂，碘酒、75%的卫生酒精棉球等。

（2）外伤药，龙胆紫药水、消炎粉和止血粉。

（3）烫伤药，烫伤油膏、凡士林、玉树油、甘油等。

（4）化学灼伤药，5%碳酸氢钠溶液、2%的醋酸、1%的硼酸、5%的硫酸铜溶液、医用双氧水、三氯化铁的酒精溶液及高锰酸钾晶体。

（5）治疗用品，如图4-3所示，包含药棉、纱布、创可贴、绷带、胶带、剪刀、镊子等。

图4-3　急救包及治疗用品示意图

4.7 常用救护常识

4.7.1 割伤

对于割伤，如果出血较少且伤势不严重，可以按照以下步骤进行处理：

（1）清洗伤口。用流动的清水清洗伤口，以去除伤口表面的污物和细菌。

（2）消毒伤口。使用医用消毒液，如碘伏或酒精棉球，对伤口进行处理。

（3）创可贴覆于伤口。在消毒伤口后，使用创可贴将伤口覆盖，以避免外界细菌和污染物进入伤口。

如果伤口较大或出血不止，可以按照以下步骤进行处理：

（1）包扎伤口。使用干净的纱布或其他干净的布料，覆盖在伤口上，以避免外界细菌和污染物进入伤口。

（2）以手指割伤为例，捏住手指根部两侧并高举过心脏。将受伤的手指根部两侧捏紧，并高举过心脏，以减缓出血速度并帮助控制出血。

（3）紧急就医。如果伤口较大或出血不止，应立即就医治疗，以避免出现更严重的并发症。

需要注意的是，对于严重的割伤，尤其是涉及重要器官或神经的割伤，应该立即就医治疗，避免自行处理。此外，在进行任何处理之前，一定要先进行清洗和消毒处理，以避免感染和其他并发症的发生。

4.7.2 烫伤/烧伤

烫伤或烧伤后，可以采取以下处理方法：

（1）用冷水局部降温 10 分钟，这可以减轻疼痛并减少皮肤损伤的程度。

（2）用一块干净、潮湿的敷料覆盖在受伤区域，以避免细菌感染。

（3）不要随意把水疱弄破，以避免增加感染的风险。如果水疱破了，应该用生理盐水或消毒液清洗伤口，以减少感染的机会。

除了以上处理措施，还应该注意以下几点：

（1）如果烧伤严重，应该立即就医治疗。

（2）如果烧伤后出现呼吸困难、窒息、出血等严重症状，应立即拨打急救电话或前往医院就诊。

（3）如果烧伤部位在脸上或口腔等特殊部位，应立即就医治疗。

（4）如果烧伤后出现剧烈疼痛，可以在医生指导下使用止痛药缓解疼痛。

（5）在伤口愈合前，应该避免接触水，并保持敷料干燥和清洁。

（6）如果出现发热、红肿、化脓等症状，应立即就医治疗。

4.7.3 强碱腐蚀

强碱腐蚀是一种严重的化学灼伤，需要立即采取适当的处理措施。以下是处理强碱腐蚀的建议步骤：

（1）用大量水冲洗。一旦接触到强碱，立即用大量流动的清水持续冲洗接触部位，通常需要冲洗15～20分钟。这样可以迅速稀释强碱并减少其与皮肤的接触时间，从而减轻灼伤。

（2）用弱酸溶液清洗。完成初步冲洗后，再用2 %醋酸溶液或饱和硼酸溶液清洗。这可以帮助中和残余的强碱，并减轻对皮肤的刺激。然后再用水冲洗，以去除残留的弱酸溶液和其他污染物。

（3）碱溅入眼内处理。如果强碱不慎溅入眼睛内，应立即提起眼睑，用大量流动的清水冲洗。这可以减少碱在眼睛内部的扩散，并减少对眼睛的损伤。然后用硼酸溶液冲洗眼睛，以中和残余的强碱。

在处理强碱腐蚀的过程中，应注意以下几点：

（1）避免使用酸性过强的溶液。在使用弱酸溶液清洗时，要注意选择适当的浓度，避免使用酸性过强的溶液，以免加重皮肤损伤。

（2）不要挑破水疱。如果接触部位出现水疱，不要挑破，以免引起感染。

（3）及时就医。如果强碱腐蚀严重，如出现大面积皮肤损伤、发热、感染症状等，应立即就医治疗。

（4）不要使用油脂或油性药膏。在处理强碱腐蚀时，不要使用油脂或油性药膏，以免加重皮肤损伤。

（5）避免包扎过紧。在处理完强碱腐蚀后，不要包扎过紧，以免影响血液循环，增加皮肤损伤的风险。

总之，在处理强碱腐蚀时，要遵循“迅速冲洗—中和—再冲洗”的原则，并注意选择适当的清洗剂和处理方法，以减轻皮肤损伤并降低并发症的风险。

4.7.4 强酸腐蚀

强酸腐蚀是一种严重的化学灼伤，需要立即采取适当的处理措施。以下是处理强酸腐蚀的建议步骤：

（1）先用干净的毛巾擦净伤处。在冲洗之前，先用干净的毛巾或纱布将伤处的污染物和酸液擦拭干净，以避免污染物进一步侵蚀皮肤。

（2）用大量水冲洗。一旦擦净伤处，立即用大量流动的清水持续冲洗受伤部位，以稀释酸的浓度并减轻皮肤损伤。冲洗时间通常需要15～20分钟。

（3）碳酸氢钠溶液冲洗。完成初步冲洗后，用饱和碳酸氢钠溶液（或稀氨水、肥皂水）冲洗。这样可以帮助中和残余的酸，减轻对皮肤的刺激，并降低感染的风险。最后再用水冲洗，以去除残留的碱性物质和其他污染物。

（4）甘油涂抹。在冲洗干净后，可以用甘油涂抹受伤部位，以保护皮肤并促进伤口愈合。

（5）酸溅入眼中处理。如果酸不慎溅入眼睛内，应立即提起眼睑，用大量流动的清水冲洗。这样可以降低酸的浓度并减少酸对眼睛的损伤。然后用碳酸氢钠溶液冲洗眼睛，以中和残余的酸。对于严重的强酸腐蚀伤害应立即就医治疗。

在处理强酸腐蚀的过程中，应注意以下几点：

（1）避免使用碱性过强的溶液。在使用碱性溶液冲洗时，要注意选择适当的浓度，避免使用碱性过强的溶液，以免加重皮肤损伤。

（2）不要挑破水疱。如果接触部位出现水疱，不要挑破，以免引起感染。

（3）及时就医。如果强酸腐蚀严重，如出现大面积皮肤损伤、发热、感染症状等，应立即就医治疗。

（4）不要使用油脂或油性药膏。在处理强酸腐蚀时，不要使用油脂或油性药膏，以免加重皮肤损伤。

（5）避免包扎过紧。在处理完强酸腐蚀后，不要包扎过紧，以免影响血液循环并增加皮肤损伤的风险。

总之，在处理强酸腐蚀时，要遵循“迅速冲洗—中和—再冲洗”的原则，并注意选择适当的清洗剂和处理方法，以减轻皮肤损伤并降低并发症的风险。

4.7.5　误吞毒物

误吞毒物是一种需要立即采取适当处理措施的紧急情况。以下是处理误吞毒物的步骤：

（1）催吐。立即给中毒者服肥皂水、鸡蛋清、牛奶和食用油等催吐剂。这可以帮助患者将毒物排出体外，减少身体对毒物的吸收。

（2）引吐。随后用干净手指伸入喉部，引起呕吐。这可以进一步帮助患者排出毒物。需要注意的是，对于腐蚀性毒物已经到达食管或胃内的患者，不应再进行引吐。

（3）就医。在催吐和引吐后，应立即将患者送往医院接受治疗。在送医途中，应注意观察患者的生命体征，如出现严重症状或体征异常，应立即拨打急救电话寻求帮助。

需要注意的是，在催吐和引吐过程中，应注意不要伤害患者的食道和胃。另外，对于已经到达胃内的腐蚀性毒物，不应再进行催吐和引吐，以免加重患者损伤。在送往医院治疗时，应尽可能提供毒物的相关信息和患者症状，以便医生更好地为患者进行治疗。

4.7.6 吸入毒气

吸入毒气是一种紧急情况，需要立即采取适当的处理措施。以下是处理吸入毒气的步骤：

（1）移至空气新鲜的地方。把中毒者立即转移到空气新鲜的地方，以避免继续吸入有毒气体。如果可能的话，解开中毒者的衣服，以便于呼吸和散热。如果中毒者出现呼吸困难或呼吸停止，可以给予吸氧。

（2）解毒处理。如果中毒者吸入的是溴蒸汽、氯气、氯化氢等有毒气体，可以吸入少量酒精和乙醚的混合物蒸汽，以减轻中毒症状。这种混合物蒸汽可以中和这些有毒气体，使其毒性降低。

（3）送医治疗。如果中毒者吸入少量硫化氢，应立即送到空气新鲜的地方，并密切观察中毒者的状况。如果中毒较重，应立即送到医院治疗。在送医途中，应尽量保持中毒者的呼吸道畅通，并提供中毒者的症状和毒物接触情况，以便医生更好地为中毒者进行治疗。

需要注意的是，对于不同的毒气中毒症状，应采取不同的处理措施。如果中毒者出现严重的呼吸道损伤或窒息等紧急情况，应立即拨打急救电话寻求专业医疗救助。

4.7.7 触电

据有关资料记载，触电后一分钟内开始抢救，有 90 %救活的可能；触电后 6 分钟才救治的，仅有 10 %的生机；如果在触电后 12 分钟才抢救的，救活的概率就很小了。

以下是触电后的一些急救措施：

（1）切断电源。一旦发现有人触电，首先应该立即切断电源，使触电者尽快脱离电源。如果找不到电源开关，可以用绝缘物如木棒、塑料管等拨开或移开电源线。切不可用手拉触电者，也不能用金属或潮湿的东西挑电线，以免自己触电。

（2）将触电者移到空气新鲜的地方。切断电源后，应该将触电者移到空气新鲜的地方休息。这有助于减轻触电者呼吸不畅的症状。

（3）人工呼吸。如果触电者出现休克现象，要立即进行人工呼吸，以帮助其呼吸畅通并恢复意识。在进行人工呼吸时，应该注意保持空气流通，避免对触电者造成二次伤害。

（4）寻求医疗帮助。一旦触电者出现明显伤情或自己无法处理，应该立即拨打急救电话或将触电者送往医院治疗。在等待急救人员到来的过程中，应该密切观察触电者的伤情变化，并及时进行初步急救措施。

总之，触电后的急救十分重要，及时切断电源、移到空气新鲜的地方休息及进行人工呼吸等措施都是为了减轻触电者的受伤程度，并帮助其尽快恢复健康。在遇到有人触电的情况时，我们应该迅速采取相应的急救措施，并及时寻求专业的医疗救助。

4.7.8　神志不清

神志不清是一种紧急状况，需要立即采取适当的处理措施。以下是神志不清的处理步骤：

（1）置神志不清的伤员于侧位。如果病员神志不清，应立即将其置于侧位，以避免气道梗阻。这有助于防止病员呕吐或咳嗽时引起窒息。同时，解开病员的衣扣，以便于呼吸。如果伤员出现呼吸困难，可以给予氧气吸入。

（2）拨打急救电话。一旦发现伤员神志不清，应立即拨打急救电话或寻求医疗援助。在等待急救人员到来的过程中，密切观察伤员的状况，并尽可能保持冷静和镇定。

（3）人工呼吸。如果伤员出现呼吸停止，应立即进行人工呼吸。可以通过口对口或口对鼻进行。在进行人工呼吸时，应注意保持呼吸道的畅通，并尽可能减少吹气时的阻力。

总之，对于神志不清的伤员，应立即采取措施防止气道梗阻，并拨打急救电话寻求医疗援助。在等待急救人员到来的过程中，密切观察病员的状况，并尽可能实施人工呼吸等急救措施。

4.7.9　低温（如干冰、液氮）冻伤

低温冻伤是一种常见的伤害，通常发生在长时间暴露在寒冷环境中或接触低温物质时。对于低温冻伤的处理，可以采取以下步骤：

（1）快速复温。一旦发现人员发生冻伤，应迅速进行复温处理。可以使用 40～42 ℃的恒温热水进行浸泡，使伤员在 15～30 分钟内体温提升至接近正常值。这是非常重要的第一步，因为快速复温可以减少冻伤对身体的损害。

（2）轻柔按摩。在对冻伤部位进行按摩时，应该注意轻柔，避免对伤处皮肤造成额外的伤害。这可以帮助促进血液循环，加速冻伤部位的恢复。但需要注意的是，不要将冻伤的皮肤擦破，以防感染。

在进行以上处理的同时，应注意保持冻伤部位的清洁卫生。如果冻伤严

重或伤口过大，应立即送往医院接受专业治疗。

关于课程思政的思考：

针对事故应急处置应该提前制定详细的应急预案，明确应急处置流程和责任分工。通过预案的制定和演练，提高应急响应的效率和准确性；在事故发生时，应该快速响应，科学处置。

在事故应急处置过程中，应该实行统一的指挥和调度，各部门协同作战，确保应急处置工作的有序进行。同时，要加强信息共享和沟通协调，避免信息不对称和重复工作；无论是在救援、疏散，还是安置工作中，都应该以保障人民生命安全为首要任务；应该及时公开相关信息，保持透明度。通过信息发布和舆论引导，消除公众疑虑和恐慌情绪，稳定人心。

在事故应急处置结束后，应该进行反思和总结，分析原因，总结经验教训，提出改进措施和建议。通过不断改进和提高，提升应急处置能力。

第5章　危险化学品分类与处置

5.1　危险化学品的分类

根据《危险货物分类和品名编号》（GB6944-86）等国家标准，危险化学品分为九大类：（1）爆炸品；（2）压缩气体和液化气体；（3）易燃液体；（4）易燃固体、自燃物品和遇湿易燃物品；（5）氧化剂和有机过氧化物；（6）毒性物质；（7）放射性物质；（8）腐蚀性物质；（9）杂类危险品。

5.1.1　爆炸品

爆炸物是指一类化学物质，当受到冲击、压力或高温时，会导致压力、气体和热量瞬间突然释放。由于空气、水及金属等其他材料的污染，或当化学品变干燥时，许多爆炸物会变得不稳定，有潜在的爆炸风险。爆炸物分类标志如图5-1所示。

图5-1　爆炸物分类标志

常见的爆炸物包括硝酸甘油、硝酸纤维素、硝酸盐类、硝酸酯类、三碘化氮、芳香族多硝基化合物、乙炔及其重金属盐、重氮盐、叠氮化物、有机过氧化物（如过氧乙醚和过氧酸）等。

如果你怀疑任何有潜在爆炸性风险的化学物质，不要试图移动该化学品容器，这些化学物质对冲击、热和摩擦敏感，在受热或被敲击时会爆炸。应该立即联系实验室负责人并安排专业人员对危险的化学品进行处理。

在进行具有潜在爆炸性风险的实验之前，应重点考虑以下三方面，以确保实验过程的安全性：

（1）是否可用另一种没有爆炸性的化学物质替代。这是一个非常重要的问题，因为使用替代品可以消除实验中可能存在的爆炸风险。如果存在替代品，实验室应优先考虑使用这些更安全的化学物质。

（2）如果必须使用爆炸物，实验人员必须首先获得实验室负责人的批准才能使用此类化学品。这是实验室的一个基本安全要求。实验室负责人需要确保实验人员充分了解使用爆炸物的风险，并采取适当的安全防护措施。只有获得批准后，实验人员才能使用这些化学品。

（3）在获得实验室负责人的批准后，仔细阅读 MSDS 和与爆炸性化合物相关的任何信息资料，以确保将潜在事故风险降至最低。MSDS 是关于化学物质的重要信息来源，包括化学品的物理状态、燃点、闪点、毒性等详细信息。实验者需要充分了解所使用的爆炸物的性质，以便能够安全地进行实验并预防潜在的事故风险。此外，阅读与爆炸性化合物相关的其他信息资料也有助于实验者了解最新的安全实践和建议。

总的来说，确保实验人员的安全是进行任何实验的首要考虑因素。

当使用爆炸物进行实验时，应注意：

（1）所有涉及爆炸性化学品和反应的实验必须得到实验室负责人的事先批准。未经实验室负责人的事先批准，不得扩大实验规模。

（2）始终使用最少量的化学品。

（3）对于可能发生爆炸的实验，除了在通风橱内进行外，还应使用防爆防护盾。这种防护盾通常由透明的耐冲击材料制成，能够阻挡爆炸碎片和化学飞溅。

（4）确保将任何不必要的设备和化学品（特别是剧毒品、易燃品）转移，远离工作区域。

（5）一定要告知实验室里的其他人员正在进行什么实验，潜在的危险是什么，以及什么时候进行该实验。可放置明显的标志来清楚识别实验操作区域。

（6）不得使用金属或木制设备搅拌、切割、刮擦有爆炸风险的化合物，应用不产生火花的塑料装置来代替。

（7）确保结合使用其他安全装置，例如高温控制、防溢水装置等，以最大限度地减少事故的发生风险。

（8）永远不要将可能含有爆炸性化学物质的反应混合物浓缩到干燥状态。

（9）妥善处置一切危险废物。如果化学品具有潜在爆炸性，应在危险废物标签上注明，并采取所需的特殊预防措施。

（10）在处理爆炸性化学品时，始终穿戴适当的 PPE。化学容器在接收和打开时分别注明日期。要特别注意那些必须保持湿润以避免爆炸的化合物，如苦味酸、2,4-二硝基苯肼等。

（11）特别注意爆炸性化合物是否出现以下污染迹象：容器外部退化；容器内外生长出晶体状物质；化学品变色。如果发现爆炸性化合物有上述污染迹象，请联系实验室负责人并联系专业人员进行处理。

5.1.2　压缩气体和液化气体

详见第 8 章 8.5 危险气体使用准则及 8.6 压缩气体使用应急程序

5.1.3　易燃液体

闪点是指在标准条件下，液体表面蒸气与空气形成的混合气体遇到火源能够产生一闪即逝火焰的最低温度。易燃液体是指在标准温度和压力下（通常指 20℃和 101.3kPa），其蒸气与空气混合后能形成可燃混合物，并且闪点低于或等于 60.5℃的液体。易燃液体的闪点是衡量其火灾危险性的一个重要指标，闪点越低，表示液体越容易挥发出可燃气体，火灾危险性也就越大。易燃液体分类标志如图 5-2 所示。

根据闪点的不同，易燃液体可以分为以下几类。

IA 级液体：闪点低于 22.8℃、沸点低于 37.8℃的液体。

IB 级液体：闪点低于 22.8℃、沸点等于或高于 37.8℃的液体。

IC 级液体：闪点大于或等于 22.8℃、低于 37.8℃的液体。

II 级液体：闪点等于或大于 37.8℃、低于 60℃的液体，也称为可燃液体。

图 5-2　易燃液体分类标志

实验室中常见的易燃液体主要包括：丙酮、四氢呋喃、乙醚和石油馏出物（戊烷、己烷）。常见可燃液体包括酒精、汽油、柴油等。

易燃液体相对容易挥发和燃烧，具有较高的火灾风险。使用、储存和运输易燃液体的注意事项如下：

（1）除了易燃外，易燃液体还可能具有毒性和腐蚀性等危险。

（2）使用易燃液体时，容器应远离火源。对沸点低于 80 ℃的液体，不能直接用火加热，切勿使用吹风机加热易燃液体，最好使用蒸汽浴、水浴、油浴、暖炉等加热源。

（3）始终保持易燃液体远离氧化剂、热源或火源，如散热器、电源板等。

（4）不要把未熄灭的火柴梗乱丢。

（5）易燃物的区域附近应配备灭火器。

（6）当倾倒易燃液体时，有可能产生大量的静电点燃易燃液体。确保用电线连接两个容器，并连接接地线。

（7）务必及时清理溢出的易燃液体。大多数易燃液体的蒸汽比空气重，蒸汽可能会沿着地板移动，如果存在点火源，会导致回火。

（8）实验前应仔细检查仪器装置安装是否正确、严密，操作步骤合规正确。

（9）常压操作时，切勿密闭反应体系，否则可能会发生爆炸事故。

（10）实验操作中，应防止有机物蒸汽泄漏出来，不要用敞口装置加热。若要进行去除溶剂的操作，则必须在通风橱里进行，例如乙醚的蒸馏。如果在任何实验过程中可能释放有害或易燃气体，实验就必须在通风橱中进行并加装防爆防护盾。

（11）不要将乙醚、石油或其他易燃的非水溶性液体倒入水槽中。通过排水系统返回的蒸汽可能造成火灾和爆炸。

（12）在收到及定期处理醚和其他易形成过氧化物的化学品时，需要注明日期。不应存储过期的醚类。购买的乙醚通常含有抑制剂以防止过氧化物的积聚。任何蒸馏或加工过的乙醚都不再含有抑制剂，应立即使用或丢弃。

（13）不要将易燃液体储存在普通（非防爆）冰箱中。如果将易燃液体储存在普通冰箱中，当冰箱的压缩机启动或灯打开时，易燃蒸汽的积聚量足以被点燃，就可能导致火灾或爆炸发生。防爆冰箱可用于储存易燃液体。

（14）实验室里不允许储存大量易燃物。实验中一旦发生了火灾应立即切断室内一切火源和电源，然后根据具体情况正确地进行抢救和灭火。

（15）应该将易燃液体储存在易燃液体存储柜中。易燃液体存储柜（不是通风橱下面的储物柜）的每一侧都有通风孔（称为塞孔），必须将金属塞子拧入到位，以使柜子保持其防火等级。

【案例分析 5-1】未冷却醚类蒸汽导致燃烧事故

案例概述：在某高校实验室，一名学生在使用冷凝装置纯化溶剂四氢呋喃时，忘记开启冷凝水。这导致大量四氢呋喃蒸汽外溢，此时另一名学生上前拔去电源插头，产生火花并引燃了溶剂蒸汽。周围的其他人立即取用灭火器将火扑灭，拔插头的学生脸部被灼伤，立即被送往医院治疗，一个月后痊愈。

经验教训：处理醚类溶剂时必须非常小心。由于醚类溶剂的易燃性和易爆性，处理它们时需要遵循下面特定的安全措施。

（1）确保在处理醚类溶剂时，实验室或工作环境具备工作良好的通风系统，以防止溶剂蒸汽的积累。

（2）必须严格遵守实验室的安全操作规程。在使用回流装置进行溶剂的蒸馏或回流操作时，务必要开启冷凝器，确保其能够正常工作。因为冷凝器的作用是将溶剂蒸汽冷却并凝结成液体，从而防止蒸汽逸出并降低爆炸的风险。

（3）定期检查和维护实验室设备，特别是用于处理醚类溶剂的设备，确保其密封性和稳定性。如果发现任何损坏或潜在的安全隐患，应立即进行维护或更新。

5.1.4　易燃固体、自燃物品和遇湿易燃物品

易燃固体是指燃烧点低，遇火、受热、撞击、摩擦或与氧化剂接触后，极易引起急剧燃烧或爆炸的固态物质，有些易燃固体发生燃烧时还会放出有毒气体。常见的易燃固体如红磷、硫磺、镁粉等。储存的易燃固体应始终远离氧化剂、热源或火源，如散热器、电源板等。易燃固体分类标志如图 5-3 所示。

图 5-3　易燃固体分类标志

自燃物品是指那些自燃点低，在空气中易发生物理、化学反应，放出热量，而自行燃烧的物品，如白磷、硝化棉等。除了自燃物品本身的危险外，

许多自燃物品还储存在易燃液体里，如存储在己烷中的叔丁基锂。如果瓶子从架子上掉下来，叔丁基锂会自燃并可能发生火灾。处理自燃物品时必须格外小心，运输这些化学品时，最好使用瓶架和手推车。自燃物品分类标志如图 5-4 所示。

图 5-4　自燃物品分类标志

遇湿易燃物品是指那些在遇到水或潮湿空气时，能够发生剧烈化学反应，释放出大量易燃气体和热量的物品。这些物品在某些情况下，甚至不需要明火就能引发燃烧或爆炸。遇湿易燃物品分类标志如图 5-5 所示。

图 5-5　遇湿易燃物品分类标志

常见的遇湿易燃物品主要可以分为以下几类：

（1）金属氢化物。在遇到水时会产生大量热量和氢气，导致爆炸。例如，氢化钠、氢化钙等。

（2）金属碳化物。例如，电石（碳化钙）与水反应会生成乙炔和氢氧化钙，乙炔是易燃气体。

（3）活泼金属及合金。例如，锂、钠、钾等碱金属与水反应剧烈，会放出氢气和大量热量。

遇水反应化学品名单及应急处置措施可扫描二维码 10 下载获取。需要特别注意的是，这些物品发生爆炸或者起火后，是绝对不能再用水去灭火的。

二维码 10：遇水反应化学品名单及应急处置措施

使用遇湿易燃物品时，需要注意以下事项：

（1）防护措施。在进行任何可能发生轻微爆炸的反应时，应使用结实的面罩和防喷溅护目镜来保护面部和颈部。立式防爆盾可能更为安全，因为它可以更好地保护头部和身体。此外，还应该穿戴手套和实验服，以避免皮肤接触。

（2）储存和处理注意事项。金属钠、钾或锂的切屑或残块必须立即处理，并且要储存在油、甲苯、二甲苯或其他高沸点的饱和烃中。这样可以避免这些金属与水反应引起燃烧或爆炸。

（3）监控化学反应。在化学反应进行时，需要密切关注反应进程，确保达到动态平衡。如果反应没有达到动态平衡，意味着化学反应还在继续进行，可能会引起更大的危险。

（4）存放注意事项。将遇水反应的化学物质隔离储存，并存放在阴凉干燥的地方。这可以避免这些化学物质之间相互作用，或者与水反应引发剧烈反应。此外，不应该将这些化学物质放在阳光直射、高温、潮湿的地方，以免引起燃烧或爆炸等危险情况。

【案例分析 5-2】违规水池中处理锂致爆炸

案例概述：2001 年 5 月 26 日，北京某大学研究生将置于手套箱中很久的金属锂（约 5 克）放在水池中冲洗，造成燃烧，引起爆炸，水池子炸成碎片，家具损坏，门窗玻璃震碎。

经验教训：碱金属钠和锂化学性质非常活泼，在空气中能自燃，遇水发生剧烈反应，放出氢气，可引起燃烧或爆炸。在处理金属钠和锂时，必须清理周围易燃物品，一次处理量不宜过多，注意通风效果，及时排除氢气，或与安全部门联系在空旷的地方处理，以防止意外事故的发生。

在发生紧急情况时，应保持冷静并迅速采取正确的应对措施。在这个案例中，当金属锂发生燃烧时，受伤的学生迅速转身向门外冲，而另一位学生则在桌子后蹲下避难，这都是应对突发安全事故的正确做法。在日常实验操作中，应进行应急演练，提高应对突发安全事故的能力。

金属合金粉末材料常用在金属增材实验室中，包括钛及钛合金粉末、铝及铝合金粉、镍基高温合金粉末、镁及镁合金粉末、碳化钨粉末、不锈钢粉末及其他合金粉末。一些活性金属（钛、铝、镁等）及其合金粉末在存储或使用过程中可能引发火灾、爆炸等事故。此外，金属粉末还会引发实验人员的多种呼吸道疾病。表 5-1 为常用金属粉末的安全隐患。

表 5-1 常用金属粉末的安全隐患

金属粉末	燃爆危险性	人体健康危害
钛及钛合金粉末	高活性，易氧化，可燃；可能引发火灾、爆炸	低毒性
铝及铝合金粉	遇湿易燃，粉末可燃，粉尘爆炸危险	可致铝尘肺
镁及镁合金粉末	遇湿易燃，高反应性，易氧化，粉尘可能爆炸	损伤肺部和神经系统
镍基合金粉末	在空气中能自燃	可引起镍皮炎（镍“痒疹”）
不锈钢粉末	—	引起肺部组织纤维化

在使用和存储金属合金粉末时，应注意以下事项：

（1）应严格禁止吸烟和控制其他点火源，此外静电也是一个常见的点火源，可以通过佩戴静电腕带导走静电来降低风险。

（2）金属粉末应存储在密封性良好的存储罐中，一旦存储罐被打开，存储金属粉末的存储罐应存放在易燃物品存储柜中。

（3）钛粉在空气中能自燃，因此储存条件要求空气中水分含量不低于 25 %，并用水润湿、钝化，且存储装置的温度不超过 30 ℃，相对湿度不超过 80 %。

（4）从供应商获取金属粉末的 MSDS，了解这些金属粉末的化学性质和潜在风险，并将这些资料打印存放在显而易见的地方，以方便查询。

（5）开始实验操作之前，需要注意去掉随身的手表、腕表等首饰和手机；完成实验操作后，需要脱掉防护服，将手和手臂肘部轻轻擦拭。可铺上一层自粘地板贴，以便操作人员在走出房间时踩踏。

（6）佩戴 PPE。如图 5-6 所示，穿戴覆盖手臂的透气型防毒服、自吸过滤式防尘口罩、防渗透手套、防护眼镜和防静电表带。

（7）定期回收处理金属粉末，包括过滤器中的金属粉末、擦拭清洁手套积累的粉末、过滤器内部软管和轴积聚的金属粉末。

（8）实验室应配有相应种类和数量的消防器材，包括干砂。严禁用泡沫、二氧化碳灭火器及水灭火。

（9）惰性气体（氮气或氩气）常用于为金属粉末加工过程中，以防止金属粉末与空气中的氧气发生氧化还原反应。为了防止惰性气体泄露导致人员窒息的情况发生，需安装氧气传感器。

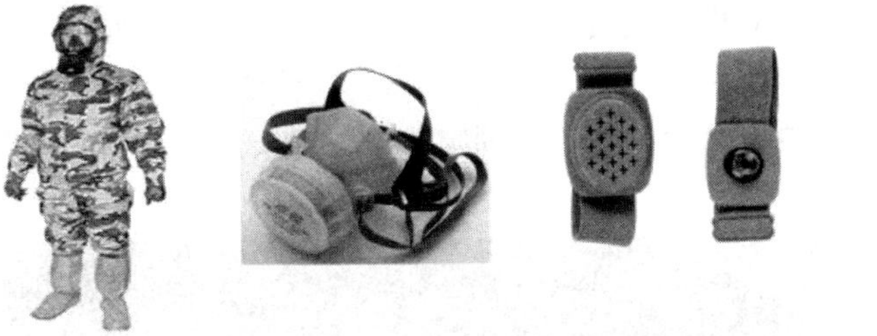

图 5-6　透气型防毒服、自吸过滤式防尘口罩、防静电表带示例图

【案例分析 5-3】金属粉尘爆燃

案例概述：2023 年 9 月 14 日，上海一科技公司发生粉尘爆燃事故，短时间内粉尘两次爆燃，造成 2 人死亡、2 人重伤（重伤人员烧伤面积分别为 90%和 70%）。爆炸事故现场如图 5-7 所示。

调查发现，第一次爆燃事故起因为作业人员对滤芯进行“湿化”处理时，将自来水喷入滤芯和收尘桶内，水与铝合金粉尘接触发生放热反应产生氢气。由于收尘桶体积小，桶内累积氢气浓度较高，在作业人员进行收尘桶拆卸操作时，因静电或机械撞击等原因引起收尘桶内局部爆燃。作业人员立即灭火，爆燃未进一步扩散。

当天下午，作业人员在打开滤筒除尘器箱门后，疑似发现滤芯区域存在高温冒烟现象，随后向滤芯泼水，在高温条件下迅速造成反应失控，引发粉尘自燃和迸射，导致箱体内发生第二次爆燃。

经验教训：金属 3D 打印中常使用的钛和铝粉末是可燃的活泼金属，会像粉尘一样爆炸，遇水反应放出氢气的速度也比一般铝材迅速得多。车间粉尘处理不到位可能导致悬浮在空气中的可燃粉尘浓度过高，形成爆炸性混合物。当这种混合物遇到热源，如明火、高温或电路短路的火花时，就会燃烧，引发爆炸。

因此，生产场所应采取以下措施避免金属粉尘爆燃事故发生：

（1）生产场所应每天进行清理，应当采用不产生火花、静电、扬尘等方式进行清理，禁止使用压缩空气进行吹扫，以免形成二次扬尘。

（2）及时对除尘系统收集的粉尘进行清理，使生产场所积累的粉尘量降至最低。

（3）生产场所严禁各类明火。

（4）必须配备铝粉尘生产、收集、贮存的防水防潮设施，严控粉尘遇湿自燃。

（5）应加强对操作人员的安全培训，制定应急响应处置方案，定期组织人员进行安全演练。

（6）制定安全管理措施，如制定粉尘防爆安全检查表并定期进行现场检查。

图 5-7 爆炸事故现场

5.1.5 氧化剂和有机过氧化物

氧化剂是指除爆破剂或炸药之外的化学物质，它能引发或促进其他材料的燃烧，释放氧气或其他气体，从而增加火灾的强度和严重性。氧化剂参与的化学反应会产生热量并且通常是爆炸性的。常见的氧化剂包括氧气、过氧化氢和高氯酸等。有机过氧化物是一类特殊的氧化剂，含有二价-O-O-结构的有机化合物，它可以被看作过氧化氢的结构衍生物，其中一个或两个氢原子被有机基团取代。氧化剂分类标志如图 5-8 所示。

图 5-8　氧化剂分类标志

使用氧化剂应遵守以下准则：

（1）氧化剂可以提供燃烧所需的氧气，而有机过氧化物既提供氧气又提供燃料来源。氧化剂和有机过氧化物存放在干燥的环境中、暴露在阳光下或被其他材料污染，尤其被重金属污染时，都可能变得对震动极其敏感。大多数有机过氧化物也对温度敏感。

（2）与任何化学品一样，尤其是氧化剂和有机过氧化物，储存的数量应保持在最低限度。每当计划实验时，务必阅读 MSDS 和其他参考资料，以了解化合物潜在的风险和安全防护措施。还要注意这些化合物的熔点和自燃温度，并确保用于加热氧化剂的所有设备都有一个超温安全开关，以防止化合物过热引发危险。

（3）实验室工作人员在处理有机物附近的氧化剂（尤其是高表面积氧化剂，例如细碎粉末）时应特别小心。

（4）在化学品容器中搅拌或移除氧化剂或有机过氧化物时，避免使用金属工具，应改用塑料或陶瓷工具。

（5）实验室人员应避免摩擦、研磨与撞击氧化剂和有机过氧化物。

（6）承装氧化剂时，要始终避免使用玻璃塞和螺旋盖封闭容器，应使用塑料/聚乙烯内衬的瓶子和盖子代替。

（7）如果你怀疑氧化剂或有机过氧化物已被污染（通过化学品变色，或者容器或瓶盖周围是否有晶体生长来判断），应将化学品作为危险废物处理，并在危险废物标签上标明该化学品是可能受到污染的氧化剂或有机过氧化物。

许多常用化学品（尤其是有机溶剂）在暴露于氧气中时会反应生成对冲击、热或摩擦敏感的过氧化物。一旦形成过氧化物，在日常处理过程中可能会导致爆炸。例如，将瓶盖从瓶子上拧下来，如果在瓶盖的螺纹处形成了过氧化物。这些含有过氧化物的化合物，在浓缩、蒸发或蒸馏时就可能发生爆炸。因此，处理和储存这些化合物不当时，存在严重的火灾和爆炸风险。常见的无机过氧化物有双氧水、过氧化钠、过氧化钾、过氧化钙。常见的有机过氧化物有过氧乙酸、过氧化二叔丁基、过乙酸、过氧化苯甲酰等，其分类标志如图 5-9 所示。

图 5-9 过氧化物分类标志

使用过氧化物制备化学品时应遵守以下准则：

（1）每个易生成过氧化物的化学品容器必须在收到和打开时注明日期。可扫描二维码 11 下载获取易生成过氧化物的化学品清单及处置建议。其中，表 A 中列出的化合物应在打开 3 个月后进行检测或弃用，表 B、C 中列出的化合物应在打开 12 个月后进行检测或弃用。

二维码 11：易生成过氧化物的化学品清单

（2）每个形成过氧化物的化学品容器必须在打开时进行过氧化物测试，之后每 6 个月至少进行一次测试。过氧化物测试的结果和测试日期必须标注在容器外面。

（3）可从供应商处购买过氧化物测试条（图 5-10）。若无过氧化物测试条，可用 KI（碘化钾）替代。使用试纸时，如果试纸变成蓝色，则表明存在过氧化物。如果实验不需要浓缩、蒸发或蒸馏操作，则浅蓝色测试结果说明化学品还可以使用。带有深蓝色测试结果的过氧化物容器必须停止使用并进行处置。可以用稀释的过氧化氢溶液来测试旧的试纸是否有效。

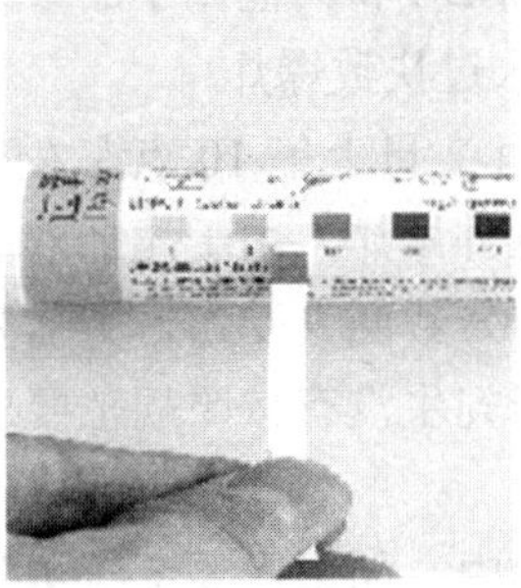

图 5-10　过氧化物试纸条及比色卡

（4）由于阳光能够加速过氧化物的形成，所有的过氧化物化合物都应该储存在远离热量和阳光的地方。

（5）不应将已形成过氧化物的化学品放在低于形成过氧化物沉淀的温度下冷藏，因为低温下的过氧化物对冲击和热特别敏感。冷藏并不能抑制过氧化物的形成。

（6）与任何危险化学品一样，尤其是形成过氧化物的化学品，购买和储存的化学品数量应保持在绝对最低限度。只订购近期（如 3 个月内）实验所需数量的化学品。

（7）确保易形成过氧化物的化学品容器在每次使用后都密封紧密，可以考虑加入一种惰性气体，如氮气，以帮助减缓过氧化物的形成。

（8）许多易形成过氧化物的化学品可以添加抑制剂来抑制过氧化物的形成。除非在特定实验条件下，实验室不应购买无抑制剂的过氧化物化学品。

（9）在蒸馏任何易形成过氧化物的化学品之前，请务必先用过氧化物试纸测试化学品，以确保不存在过氧化物。切勿将形成过氧化物的化学品蒸馏至干燥状态，至少底部留出 10%～20%剩余物防止发生爆炸。

（10）一般认为，50 ppm 为危险浓度，大于 100 ppm 应立即处理。在这两种情况下，应遵循危险品废物处置程序清除过氧化物或承装的容器。

（11）如果你发现了一个疑似长期存放、含有高含量过氧化物、出现不寻常的黏度、变色、生成晶体的化学品，应该怀疑该化学品极度危险，不要试图打开或移动容器。通知处于潜在爆炸风险的实验室的其他人员，并立即上报实验室负责人通知相关专业人员进行处理。

可扫描二维码 11 下载获取易生成过氧化物的化学品清单及处置建议。但是，此清单并非包罗万象，还有许多其他可形成过氧化物的化学品。请务必阅读化学品容器标签、MSDS 和其他化学品参考资料。

【案例分析 5-4】加入双氧水过快致爆炸

案例概述：2011 年 9 月 2 日上午 10 点左右，上海某大学的两名研究生在进行化学实验时遭遇了意外爆炸，由于添加双氧水、乙醇等化学原料速度太快，导致事故发生。爆炸导致两人受伤，并需要手术取出钻进皮肤的玻璃残渣。调查发现，这两名研究生没有按照规范要求将通风橱窗拉下，也没有穿戴 PPE。

经验教训：在实验过程中，如果需要更改实验方案，必须严格按照规定的程序和步骤进行。不能随意添加化学原料或改变添加的顺序，特别是在涉及易燃、易爆或毒性物质的情况下。

在实验室进行实验操作时，必须佩戴适当的 PPE，如防护眼镜、面罩、手套等，以防止化学物质对皮肤和眼睛的伤害。

实验操作必须严格遵守实验室规定的操作规范和安全规程。例如，在实验过程中，应保持通风橱窗关闭，以确保通风橱内的有害物质不会扩散到实验室中。

5.1.6 毒性物质

毒性物质包括致癌物和生殖毒素，毒性物质的相对毒性取决于许多因素。毒性物质的分类标志如图 5-11 所示。常见的毒性物质包括氰化物和叠氮化物盐。

图 5-11 毒性物质分类标志

一般来说，所有化学品都应被视为毒性物质，并应遵循适当的安全防护程序，例如保持良好的清理习惯、使用适当的 PPE、保持良好的个人卫生等。使用已知有毒化学品，在进行实验前考虑健康和安全问题。实验开始前，查阅 MSDS 和其他化学参考资料。

使用有毒化学品之前首先确认下面的问题：

（1）是使用有毒化学品，还是用毒性较小的化学品代替？

（2）化学品可能进入人体的途径（吸入、摄入、注射或皮肤吸收）有哪些？

（3）接触化学品有哪些迹象和症状？

（4）需要佩戴什么 PPE（手套类型、安全眼镜和防喷溅护目镜、面罩等）？

（5）需要哪些特殊的解毒剂吗？

（6）要遵循哪些 SOP？

确定使用剧毒化学品的注意事项：

（1）使用剧毒化学品时，应该有监督员在场，以确保操作过程的安全性和正确性。

（2）在接触剧毒化学品时，应始终穿戴合适的 PPE，包括但不限于实验服、手套、防护眼镜、全面罩式防毒面具等。即使戴上手套，实验结束后也要用肥皂和水洗手。

（3）在实验过程中可能会形成有毒的混合物、蒸汽和气体，因此在实验开始前，需要对即将使用的化学品和产物进行充分的研究，了解其性质、危害和风险，以便采取适当的预防措施。

（4）如果认为自己可能接触了毒性物质，或者可能意外摄入了化学物质，应立即就医。可能的话随身携带一份 MSDS 资料，以便给医生提供参考。这样可以得到及时的治疗和救助，减少对身体的危害。

（5）水银及汞盐、氰化物（氰氢酸、氰化钾等）、硫化氢、砷化物、一氧化碳、马钱子碱等都是剧毒药品（剧毒化学品名录可扫描二维码 12 下载获取）。在使用这些化学品时，需要采取特别的防护措施，例如佩戴全面罩式防毒面具、防止气体泄漏等。此外，需要按照规定的操作程序进行操作，避免误操作和错误使用。

二维码 12：剧毒化学品名录

毒性物质作用于人体，可致使组织器官受伤，以下是部分毒性物质对人体的影响：

（1）窒息。如一氧化碳与红血球结合、氰化物与血液中的细胞色素氧化酶结合致使组织缺氧，硫化氢使呼吸器官麻痹致使中毒。

（2）扰乱人体内部生理平衡、损坏器官。这类毒性物质引起系统性中毒，而且每种毒物会损害特定的系统。如苯深入骨髓，损害造血器官，结果引起患者全身无力、贫血、白血球低等症状；卤代烷使肝、肾及神经受损害；钡盐损害骨骼；汞盐损害大脑中枢神经系统等。

（3）麻醉作用。如乙醚、氯仿等。

（4）过敏。引起人的过敏反应，最常见的如接触性皮炎。

（5）致癌。长期接触铅、汞、铍、镉等会导致癌症。摄入过量的汞、砷、铅等可导致急性中毒，引起牙龈出血、牙齿松动、恶心、呕吐、腹痛、腹泻等症状。铬化合物中 Cr^{6+} 毒性最大，有强刺激性，可引起蛋白变性，干扰酶系统正常功能。汞中毒严重时会导致震颤、动作困难、肢体抖动，以及失眠、多梦、抑郁、胸闷、心悸、多汗、恶心、牙龈出血等症状。铅中毒典型症状为腹部阵发性绞痛、肌无力、肢端麻木、贫血。氰化钾、氰化钠、丙烯腈等是剧毒品，人体摄入 50 毫克即可致死，与皮肤接触时经伤口进入人体，即可引发严重中毒。

【案例分析 5-5】美国教授汞中毒英年早逝

案例概述：凯伦·维特哈恩是达特茅斯学院的化学教授，她在 1996 年 8 月不小心接触到了二甲基汞并受到了其毒性侵害，最终在 1997 年 6 月 8 日去世。尽管她在接触毒性物质质前采取了一些防护措施，如穿上防护服、戴上护目镜和橡胶手套，并在脱去橡胶手套后清洗了双手，但这些措施并没有完全保护她免受二甲基汞的毒性侵害。

二甲基汞是一种非常危险的有机汞化合物，具有神经毒性和免疫毒性，可对人体健康造成极大的损害。凯伦·维特哈恩的经历表明，即使在采取了一些防护措施的情况下，二甲基汞仍然可以在短时间内穿透橡胶手套，对人体造成损害。

针对凯伦·维特哈恩的死，达特茅斯大学被处以 9000 美元的罚款，并开始修改相关的安全程序。这些措施包括加强实验室安全培训和管理，提高对有毒有害物质的识别和防护意识，加强实验室设备的维护和废弃物处理等。此外，医学界和相关领域的专家也开始关注二甲基汞等毒性物质的毒性作用和防护措施，以确保公众和从业人员的健康和安全。

经验教训：凯伦·维特哈恩的悲剧性经历给我们带来了深刻的教训。在处理和接触有毒化学品时，尤其是像二甲基汞这样的剧毒物质，我们必须采用高级别的防护措施和保持谨慎态度。以下几点经验教训值得我们深思：

（1）穿戴适当的 PPE。在处理有毒化学品时，应始终穿戴适当的个人防护装备，包括但不限于全封闭式的防护服、手套、护目镜和面罩等。这可以最大限度地减少皮肤和眼睛与毒性物质的接触。

（2）洗手的重要性。即使戴上了手套，实验结束后也要用肥皂和水彻底清洗手部，以清除可能残留在皮肤上的毒性物质。

（3）了解使用的化学品。在开始实验之前，我们需要对即将使用的化学品进行详细的研究，包括阅读其 MSDS，了解其潜在的危险性和正确的操作方法。

（4）遵守安全操作规程。实验室应制定并执行严格的安全操作规程，包括但不限于物质存储、废弃物处理、PPE 穿戴和紧急情况应对等的正确方式。所有的实验室成员都应了解并遵守这些规程。

（5）定期进行安全培训。实验室应定期进行安全培训，提高实验室成员对毒性物质和其他危险物品的认识和防范意识。

（6）建立应急预案。实验室应建立并定期演练安全应急预案，包括但不限于化学品泄漏、人员受伤等突发情况的应对措施。

凯伦·维特哈恩的悲剧让我们认识到，无论是在实验室还是其他工作场所，处理有毒有害物质时的安全防护措施都不能忽视。只有通过严谨的态度、科学的操作方法和全面的防护措施，我们才能最大限度地减少类似事故的发生。

5.1.7　放射性物质

详见第 3 章 3.4 核辐射的防护

5.1.8　腐蚀性物质

腐蚀性物质是指通过与接触部位发生化学作用导致活组织明显破坏或不可逆变化的化学物质，分类标志如图 5-12 所示。腐蚀性物质通常是酸或碱，接触时可能会灼伤或以其他方式损坏人体组织。此外腐蚀性物质还会腐蚀设备，如铬酸洗液、浓酸（如盐酸、硫酸和硝酸）、释放酸的物质（如亚硫酰氯）和卤素（如溴、氯）等。腐蚀性物质可以是液态、固态或气态。腐蚀性物质会对眼睛、皮肤、呼吸道和胃肠道产生严重影响。腐蚀性固体及其粉尘会与皮肤或呼吸道中的水分发生反应，导致接触部位受到损害。

图 5-12 腐蚀性物质分类标志

腐蚀性物质使用注意事项如下：

（1）每当使用浓缩腐蚀性溶液时，应佩戴防溅护目镜，注意不是安全眼镜。防喷溅护目镜与面罩配合使用可提供更好的防护。仅佩戴面罩并不能提供足够的防护，还需要佩戴橡胶手套（如丁基橡胶手套）和橡胶围裙。应在通风橱中处理腐蚀性物质，以避免吸入腐蚀性化学品蒸汽和气体。

（2）当浓酸与水混合时，要将酸慢慢加入水中（包括将浓酸加入稀酸中）。切勿将水加入酸中，这可能会导致沸腾效应使酸飞溅。不要将酸直接倒入水中，应采用使酸沿容器内壁倾倒的方式。切勿将腐蚀性化学品储存在眼睛的上方的储物架上，当转移腐蚀性化学品时应使用保护性瓶架（图 5-13）。

图 5-13 保护性瓶架

（3）一些化学品会与酸反应释放有毒或易燃蒸汽。处理腐蚀性化学品时，应确保提前准备用于中和腐蚀性化学品的中和材料，例如用于中和酸的碳酸钙和用于中和碱的柠檬酸。

（4）所有使用酸和碱的场所，都必须配备洗眼器和紧急淋浴器。如果腐蚀性化学物质溅入眼睛，请立即前往洗眼站用大量清水冲洗眼睛至少 15 分钟。洗眼器启动后，用手指撑开眼睑，在水流中滚动眼球，冲洗整个眼睛。

冲洗 15 分钟后，立即就医。

（5）如果腐蚀性物质溅到皮肤上，立即脱去所有受污染的手套、实验服等，并用肥皂和大量清水清洗受污染的区域至少 15 分钟。如果症状持续或加剧，要在冲洗之后立即就医。

（6）如果大量腐蚀性物质溅到身体上，首要措施是用紧急淋浴器冲洗至少 15 分钟。在淋浴时同时脱掉所有受污染的衣服。以防化学物质接触皮肤并造成进一步的腐蚀和损害。冲洗至少 15 分钟后，立即就医。

【案例分析 5-6】未知强酸灼伤脸部

案例概述：2004 年，某人接到客户送来的一瓶液体样品后，在没和客户做进一步确认的情况下，将样品转至测试组，测试人员拿到样品后直接打开了瓶盖，瓶里的液体瞬间发生强烈外溢，导致该测试人员脸部被严重灼伤，原来该瓶液体是浓硝酸。

经验教训：这个事故强调了严格遵守安全程序的重要性，以及提高员工安全意识的重要性。测试人员没有遵循基本的安全程序，导致脸部被严重灼伤。对于任何未知的液体样品，尤其是具有潜在危险性的样品，处理之前应进行充分的调查和确认。浓硝酸是一种高度腐蚀性和危险性的液体，它可能导致严重的皮肤灼伤和眼部损伤。凡接触浓硝酸的生产人员和工作人员，应佩戴好 PPE，如过滤式防毒面具、耐酸手套及实验服等，以防灼伤。

5.1.9　特殊腐蚀性物质（氢氟酸）

氟化氢是极具腐蚀性的化学品，化学式为 HF，具有非常强的吸湿性，接触空气即产生白色烟雾，易溶于水，可与水无限互溶形成氢氟酸。氢氟酸是一种弱酸，该液体无色，不易燃，有刺激性气味。氢氟酸会迅速透过皮肤被吸收，是一种危险的全身性毒素。氟离子可与血液、骨骼和其他器官中的钙结合，对组织造成非常严重且可能致命的损伤。

不同浓度的氢氟酸对人体影响和症状出现的时间有所不同。20 %～50 % 浓度的氟化氢可能会让受伤患者在 2 至 5 小时内出现腐蚀症状；如果浓度降低到 20 %以下，受伤患者可能在 24 小时内出现症状；而如果氟化氢的浓度大于 50 %，受伤患者会立刻出现症状。

使用氢氟酸十分危险，应遵循以下使用准则：

（1）所有氢氟酸使用人员都必须进行安全培训。

（2）使用氢氟酸之前，必须仔细阅读氢氟酸的 MSDS 和使用指南，为氢氟酸的使用编写详细的 SOP。该 SOP 应张贴在氢氟酸使用的指定区域附近。

（3）使用氢氟酸前确保提前准备特殊的解毒剂，例如葡萄糖酸钙凝胶。

（4）永远不要独自一人使用氢氟酸，氢氟酸只能在指定的通风橱中使用，通风橱外窗上应张贴氢氟酸使用指定区域警示标志来识别（图 5-14）。

（5）保持氢氟酸容器密闭储存。释放出的氢氟酸可以腐蚀通风橱的玻璃窗。

（6）所有承装氢氟酸的容器必须清晰标注全称，不要用缩写，同时标明潜在的危险和可能造成的危险后果。

（7）使用氢氟酸时，使用塑料托盘防止氢氟酸泄漏。

（8）氢氟酸应储存在二级塑料容器中，并存放在靠近地板的低层柜里，且存储的柜子上应贴上标签。

（9）氢氟酸废液置于厚壁塑料瓶中，不用玻璃瓶，可用钙盐预先中和。

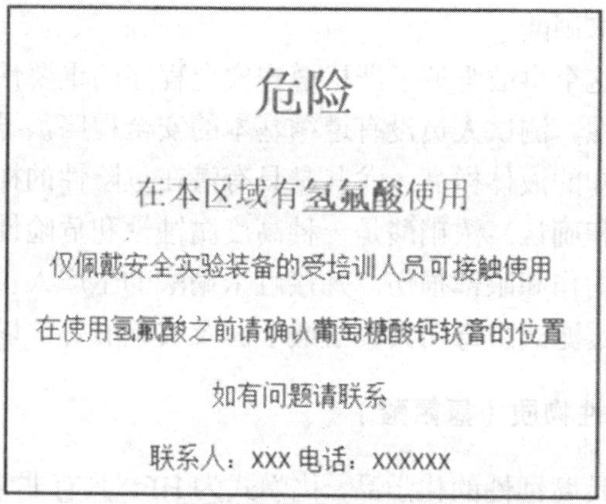

图 5-14　氢氟酸使用指定区域警示标志

使用氢氟酸时，需要注意以下事项：

（1）使用氢氟酸所需 PPE 如图 5-15 所示，短时间使用时，佩戴双层重型丁腈手套，如果氢氟酸接触到手套，重新换上新手套，在脱掉手套前清洗手套。

（2）长时间使用氢氟酸时，佩戴重氯丁橡胶或丁基橡胶防护手套。

（3）防喷溅护目镜与通风橱配合使用。

（4）穿安全鞋。

（5）穿长裤子和一件长袖衬衫，高领衣服（非低胸）。

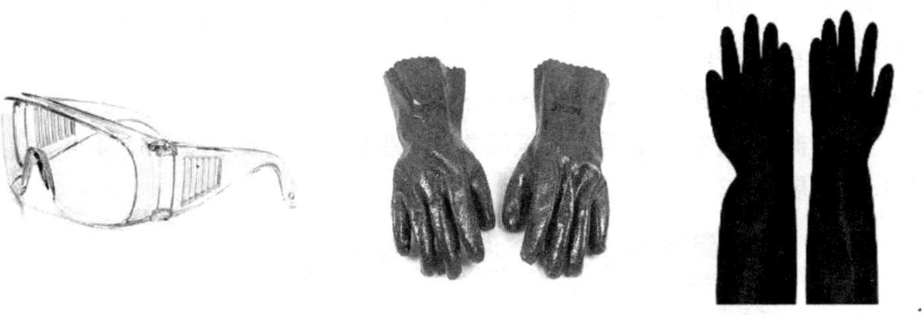

图 5-15　防喷溅护目镜、重型丁腈手套及丁基橡胶防护手套

【案例分析 5-7】氢氟酸致人死伤案例

案例概述：2020 年 1 月 5 日上午，江西石磊氟化工有限责任公司进行检修作业，发生氢氟酸中毒事故，导致在现场查看检修情况的企业副总死亡，1 名检修人员受伤。直接原因是检修作业中，二人未佩戴劳动防护用品，检修人员违章冒险作业，导致大量含有氢氟酸的循环水直接喷射到二人的脸部及脚面。

经验教训：在作业前，应识别作业区域内的所有危险源，并采取相应的安全措施，必须穿戴适当的劳动防护用品，如防护服、手套、口罩等；在进行任何检修作业时，必须严格遵守公司的安全操作规程，不得违章冒险作业；公司应加强对作业人员的安全培训，提高他们的安全意识和操作技能，确保能够正确、安全地完成作业。

【案例分析 5-8】为什么葡萄糖酸钙凝胶如此重要？

案例概述：

情况 1：61 岁男性，使用 70 %HF，8 %面积 HF 烧伤；大量水立刻冲洗 15 分钟，35 分钟后送往医院；医院立刻给予葡萄糖酸钙凝胶外敷和皮下介入钙治疗；15.5 小时后，该男子死亡，原因是未在现场及时给予葡萄糖酸钙处理。

情况 2：50 岁男性，使用 70 %HF，22 %面积 HF 烧伤；大量水冲洗，并立刻给予葡萄糖酸钙凝胶涂抹；医院立刻给予葡萄糖酸钙凝胶外敷和皮下介入钙治疗；病人存活下来。

比较情况 1 和 2，现场及时给予葡萄糖酸钙处理对挽救患者的生命有积极的影响。

经验教训：在使用氢氟酸等前，应准备特殊的解毒剂，如葡萄糖酸钙凝胶。这样可以有效地中和氢氟酸，减少对身体的伤害，并提高生存率。在未来的工作中，应加强认识解毒剂的重要性，确保在必要时能够及时采取有效的措施挽救患者生命。

【案例分析 5-9】氢氟酸腐蚀手指后伤口的发展变化

案例概述：图 5-16 所示为氢氟酸腐蚀手指后，患处第 1、3、4 及 30 天伤口的发展变化。

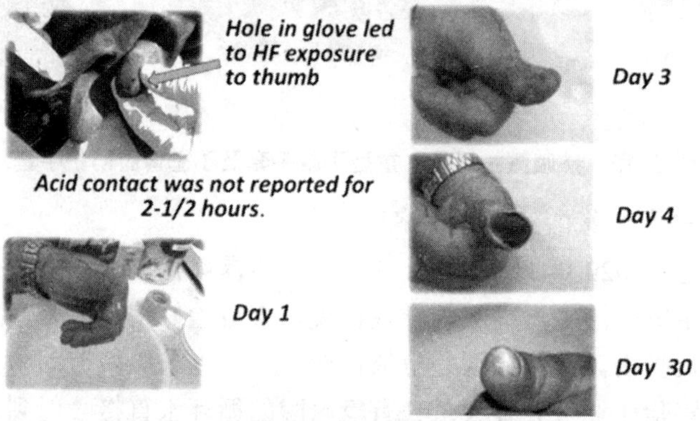

图 5-16 氢氟酸腐蚀手指后伤口发展变化图

（1）腐蚀后第 1 天手指内部变黑。第 1 天，氢氟酸腐蚀的区域可能还没有明显地显现在手指外部，但手指内部的组织已经开始受到损伤。手指内部组织变黑是由氢氟酸引起的组织坏死所致。当发现氢氟酸腐蚀手指后，应该立即采取紧急处理措施，如用大量水冲洗受伤部位，葡萄糖酸钙凝胶涂抹后寻求医疗救治。

（2）腐蚀后第 3 天手指皮肤出现大面积的腐烂变色。到了第 3 天，手指内部的损伤可能已经加重，导致手指皮肤出现大面积的腐烂和变色。这是由于组织开始分解所致。此时，需要进行清创处理，以去除受损的组织，以减轻感染的风险。同时需要进行药物治疗，如使用抗生素和止痛药等。

（3）腐蚀后第 4 天手指部分组织脱落，内部发黑。在第 4 天，手指外部的部分组织可能开始脱落，内部的组织颜色已经变黑。这表明手指内部的损伤已经非常严重。此时需要进行更为彻底的清创处理，去除所有的坏死组织，并进行药物治疗，帮助伤口愈合。

（4）腐蚀后第 30 天伤口基本愈合。到了第 30 天，伤口处理得当，伤口可基本愈合。此时需要注意保持伤口的清洁和干燥，并继续使用药物治疗，以防止感染和促进伤口愈合。

经验教训：氢氟酸是一种高度危险的化学物质，如果不正确地处理，可能会导致严重的组织损伤和感染。因此，在接触这种物质时，必须采取正确的防护措施，并在受伤后立即寻求医疗救治。

5.1.10　杂类危险品

杂类危险品包括一些具有刺激性、腐蚀性、毒性或易燃性的物质，例如酸、碱、有毒液体、气体和固体等。这些物质在正常条件下是安全的，但在某些条件下，如高温、高压或与其他物质混合时，可能会表现出危险性，因此在运输、储存和使用时需要特别注意。

5.2　化学品泄漏与处置

化学品泄漏可能会带来严重的危害，包括以下方面：

（1）人身伤害。某些化学品，如氰化物、有机磷化合物、有机氯化合物等，具有毒性、腐蚀性和刺激性，对人体可能造成严重的伤害。这些伤害可能包括皮肤刺激、眼睛损伤、呼吸道刺激、呕吐、头痛、晕眩、呼吸困难、中毒甚至死亡。即使接触一些低浓度的化学品也可能导致长期健康问题，如癌症、生殖系统问题等。

（2）火灾和爆炸风险。一些化学品是易燃的，比如有机溶剂、某些电池电解液等。当这些化学品达到一定浓度时，遇到火源或高温环境就可能引发燃烧甚至爆炸。泄漏的化学品还可能形成可燃的蒸汽云，与空气混合形成爆炸性混合物，一旦遇到明火或静电等点火源，就可能引发火灾和爆炸。

（3）环境污染。化学品泄漏对环境的影响可能是长期的、持久的。例如，有机氯化合物和重金属等有毒物质可以渗入土壤和水源，破坏生态环境，影响动植物生长，甚至可能通过食物链进入人体，威胁人类健康。某些挥发性有机化合物还可能形成光化学烟雾，污染空气，影响人类呼吸健康。

（4）设备损坏和生产中断。化学品泄漏可能导致设备严重腐蚀、管道破坏、电路短路等问题，从而引发设备故障和生产线的中断。生产线的中断可能会导致产品短缺、生产成本增加，给企业带来经济损失。此外，修复泄漏的设备和重新启动生产线也需要投入大量的人力和物力。

根据泄漏的化学品的数量及该化学品危害的严重程度迅速采取下面的行动：

（1）紧急撤离和安全避难。当化学品泄漏事故发生时，最重要的是确保人员的安全。应立即启动紧急撤离计划，将所有相关人员从危险区域撤离，并引导他们前往安全区域。

（2）报警和通知。在紧急撤离的同时，应立即拨打当地的应急电话，通知有关部门和人员。专业救援队伍能够根据事故的严重程度和泄漏物的性质，采取专业的应对措施，以防止事故扩大。

（3）隔离和封堵泄漏源。泄漏源必须尽快被隔离和封堵，以避免泄漏物进一步扩散。这可能需要使用适当的技术和材料，例如封堵剂、吸附材料等。

（4）使用个人防护装备。在处理化学品泄漏时，必须穿戴适当的 PPE，包括化学防护服、防护眼镜、防护手套等，以保护处理人员免受泄漏物的伤害。

（5）紧急处理和清理。根据泄漏物的性质和泄漏情况，采取适当的紧急处理和清理措施，包括使用中和剂来中和毒性物质、使用吸附材料来吸附泄漏物等。

（6）专业人员介入。对于大规模或复杂的化学品泄漏事故，应及时联系专业的应急救援机构或有关单位。他们能够提供更专业的处理建议和设备，以确保事故得到妥善处理。

总之，化学品泄漏事故的应对需要迅速、专业和精准。及时采取适当的措施，保护人员安全，减少环境污染，并确保事故得到妥善处理。

5.2.1 少量泄漏处置条件

在处理少量化学品泄漏时，以下是应考虑的前提条件：

（1）已知的化学物质泄漏。了解泄漏的化学物质的性质，包括物理特性、化学特性、毒性、易燃性等，这对于采取最合适的个人防护措施和清理方法至关重要。

（2）已知的不伤害呼吸系统的气体或蒸汽泄漏。这是为了确保泄漏不会对实验人员或其他人造成呼吸系统的伤害，如果泄漏物是气态或蒸汽态，应确保有适当的通风系统或 PPE。

（3）配备可用的清理泄漏物质的设备和材料。应确保有适当的设备和材料来清理泄漏物，包括吸附材料、中和剂、清洁剂等。

（4）配备 PPE。处理化学品泄漏时，必须穿戴适当的 PPE，如化学防护服、防护眼镜、防护手套等，以保护自己免受泄漏物的伤害。

（5）了解泄漏的化学物质所造成的危害后果。这是为了更好地理解泄漏物可能带来的潜在风险，包括其毒性、易燃性及对环境和公众可能产生的影响。

（6）知道如何清理泄漏物。了解正确的清理步骤和程序，包括穿戴适当的 PPE、正确的清理方法和必要的后续步骤。

（7）有能力清理泄漏物。确保有合适的人员和资源来清理泄漏物，包括专业人员、必要的设备和设施等。

5.2.2　大规模化学品泄漏处置措施

大规模泄漏是指需要专业人士协助来安全清理任何化学品泄漏（图 5-17）。发生大规模泄漏时，采取的措施包括以下方面：

图 5-17　专业人员处置泄漏化学品示意图

（1）警告和疏散。首先，应立即启动紧急警报系统，通知并警告泄漏区域附近的人们，即刻撤离该区域。

（2）设立警戒区域。对于泄漏区域附近的人员，应立即设立警戒区域，限制无关人员的进入，并疏散该区域内的人员，以避免事态扩大。

（3）消除火源。如果存在爆炸危险，不要拔下、打开或关闭电气设备，以避免产生火花和火源。这是为了防止火源引发爆炸或燃烧。

（4）限制扩散。在离开房间时，应关闭安全门以限制危险扩散程度。这样可以减缓泄漏物的扩散速度，为应急救援争取时间。

（5）冲洗化学物质。根据需要使用洗眼器或紧急淋浴器来冲洗溅到身上的化学物质。这是为了减轻化学物质对皮肤的伤害程度，并降低事故风险。

（6）撤离受影响区域。应从附近可能受到影响的房间撤离人员，并确保人员安全。如果危险会影响整个建筑物，应拉响火警警报器，按照应急预案进行疏散，确保建筑物内的人员安全。

（7）获取援助。在一个安全的地点拨打应急求救电话。及时联系专业的应急救援机构或有关单位，报告泄漏情况，以便获得必要的支持和指导。

（8）提供 MSDS。为专业的应急救援机构或有关单位提供泄漏材料的 MSDS。MSDS 包含了化学品的物理特性、化学特性、毒性、易燃性等相关信息，这对于清理措施选择及潜在风险评估至关重要。

5.2.3 化学品泄漏处置包

为了确保实验室工作人员的安全，每个使用或存储危险化学品的实验室都必须提供化学品泄漏处置包。泄漏处置包外包装应清楚地标记“泄漏包”字样，并在包外贴上包中物品的种类列表，这样可以方便使用者了解包内的物品及其用途。

如图 5-18 所示，化学品泄漏处置包应包括以下物品：

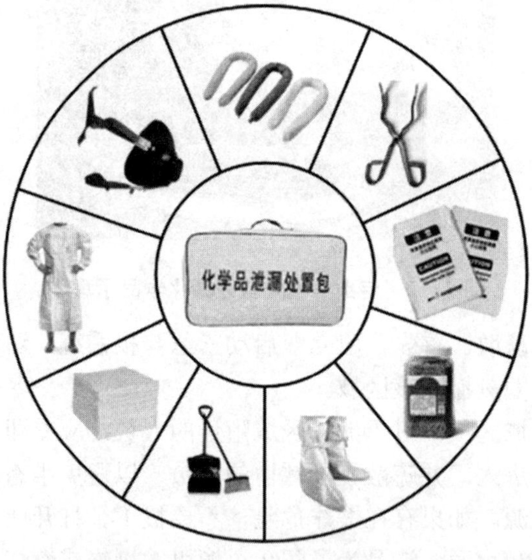

图 5-18　化学品泄漏处置包

（1）吸油枕/溶剂吸收剂。用于吸收泄漏的液体化学品，减少其对环境和人员的危害。

（2）酸碱中和剂。用于中和泄漏的酸或碱，以降低其对皮肤的腐蚀性。

（3）5 kg 的碳酸钙应对氢氟酸泄漏。氢氟酸是一种强酸，可对皮肤和眼睛造成严重刺激。碳酸钙可以中和氢氟酸并减轻其危害。

（4）簸箕。用于清除泄漏的固体化学品。

（5）扫帚或刷子。用于清除泄漏的液体化学品。

（6）塑料袋。用于收集泄漏的化学品，减少其扩散。

（7）废物标签。用于标记泄漏的废物，以便后续处理。

（8）橡胶手套（确保在使用前检查其化学品相容性）。用于保护手部免受化学品损伤。

（9）橡胶靴或鞋套。用于保护脚部免受化学品损伤。

（10）防化学品喷溅的护目镜。用于保护眼睛免受化学品损伤。

（11）自吸过滤式防尘口罩。用于保护呼吸系统免受化学品损伤。

5.2.4 金属汞泄漏处置

当金属汞意外泄漏后，以下是一些应采取的处置措施：

（1）疏散人员。立即疏散该区域内的所有人员，并确保人员安全。

（2）隔离泄漏区域。将泄漏区域隔离，以避免汞进一步扩散。

（3）吸收泄漏物。使用吸收汞的棉签或海绵等物品，尽可能多地吸收泄漏出来的汞。

（4）清除泄漏物。将吸收的汞及所有残留物清除干净。确保清除工作完成后，将所有清除物封存，并联系相关部门进行监测和处置。

（5）通风处理。确保该区域内的空气流通，以降低汞蒸汽的浓度。用打开窗户或使用空气净化设备等方法进行通风。

（6）清洁和消毒。清理完汞泄漏物后，应对该区域进行彻底清洁和消毒，以防止汞的残留对人员造成危害。

（7）监测。清理完汞泄漏物后，应联系相关部门对该区域进行监测，以确保汞污染清理完毕，并确保该区域的安全性。

（8）事故记录。将汞泄漏事故存档备案，以供后续事故分析和预防。

为了有效处理金属汞的泄漏事故，必须事先制定好应急预案，并做好相应的防护措施。同时，相关人员也需要接受培训和指导，以应对可能发生的汞泄漏事故。

5.3 化学品沾染

5.3.1 化学品沾染处置步骤

对于化学品沾染的情况，可以采取以下处置步骤：

（1）预先了解化学品的性质和潜在危害。对于任何化学品，首先要了解其毒性、腐蚀性、易燃性等特性，以及可能对人体和环境造成的危害。这有助于采取正确的防护措施和紧急处理方法。

（2）穿戴适当的 PPE。根据化学品的性质和潜在危害，选择适当的 PPE，包括手套、防护服、防护眼镜、面罩等。确保这些装备性能良好，以避免可能的危害。

（3）立即切断化学品的泄漏源头。如果化学品泄漏正在发生或即将发生，应立即切断泄漏源。包括关闭阀门、断开电源、移除火源等措施，以避免泄漏的进一步扩大。

（4）使用适当的吸附剂或中和剂。根据化学品的性质选择适当的吸附剂或中和剂。例如，如果化学品是酸性的，可以使用弱碱性物质如碳酸氢钠中和；如果化学品是碱性的，可以使用弱酸性物质如醋酸中和。

（5）迅速将受污染的衣物脱下。如果已经沾染上化学品，应迅速将受污染的衣物脱下，以避免继续接触皮肤。将脱下的衣物放入密封袋中妥善处置，以防污染其他物品。

（6）大量清水冲洗。一旦沾染上化学品，应立即用大量清水冲洗沾染区域。这可以减少化学品的滞留时间和皮肤吸收的可能性。冲洗时要确保水流充足，时间足够长，直到皮肤表面没有残留物为止。

（7）寻求专业帮助。如果不确定如何处理某种化学品泄漏或伤员已经出现健康问题，应立即寻求专业援助。联系当地的急救中心或相关专业机构，寻求应急处置的指导。

总之，处理化学品泄漏是一项高度危险和复杂的工作，需要由专业人员进行。普通人如果遇到化学品泄漏，应迅速撤离现场并联系专业机构寻求帮助。相关人员也需要接受培训和指导，以应对可能发生的泄漏事故。

5.3.2 氢氟酸沾染

氢氟酸是一种极具毒性和腐蚀性的化学品。氢氟酸会对皮肤、眼睛及呼吸道和口腔黏膜造成严重的腐蚀伤害，后果很严重，使受害人极为痛苦。氢氟酸能被迅速吸收，可对身体造成多方面的损害，甚至可能导致死亡。任何被氢氟酸腐蚀的个体都必须立即进行紧急救助，尽快到医院进行治疗。所有使用氢氟酸的实验室必须配备可用的葡萄糖酸钙凝胶。

在使用氢氟酸时，必须采取以下安全措施：

（1）使用前了解氢氟酸的特性和查阅氢氟酸 MSDS 等相关资料。

（2）穿戴适当的个人防护装备，包括手套、实验防护服、防护眼镜、面罩等。

（3）实验室应配备可用的葡萄糖酸钙凝胶，以备不时之需。

（4）如果不慎接触了氢氟酸，应立即用大量清水冲洗，并迅速寻求紧急救助。

（5）使用氢氟酸时，应确保实验室通风良好，避免长时间接触皮肤并吸入蒸汽。

（6）实验室氢氟酸废液必须按照相关规定进行处理，以确保不会对环境和人体造成危害。

5.3.2.1 皮肤接触氢氟酸处置步骤

皮肤接触到氢氟酸时，应该按照以下步骤进行处置：

（1）将受害者立即转移到紧急淋浴器或其他水源下，用大量的清水冲洗皮肤接触区域。立即冲洗掉氢氟酸是最重要的。

（2）边冲洗边脱去沾染氢氟酸的衣物。

（3）在水冲洗的同时立即拨打医疗救助电话，并安排紧急医疗救助。

（4）用水冲洗后，在患处涂抹葡萄糖酸钙凝胶并按摩，每 15 分钟涂一次凝胶，按摩直到疼痛或红肿消退。涂敷凝胶时应戴上手套，以防止氢氟酸转移造成继发性伤害。

（5）密切关注受害者的呼吸状况，如果受害者出现呼吸困难或呼吸急促，应立即就医。

（6）如果受害者出现严重的疼痛或其他不适症状，应立即就医。

（7）记录事故发生的原因和过程，以及受害者的受伤情况，以便后续的调查和分析。

（8）在接触氢氟酸的过程中，应注意加强眼睛和呼吸道的防护措施，以避免进一步的伤害。

5.3.2.2 眼部接触氢氟酸处置步骤

眼部接触到氢氟酸时，应该按照以下步骤进行处置：

（1）立即用流动的清水持续冲洗眼部，并确保水流的冲力足够强，以便清除眼睛里面的氢氟酸。冲洗的时间至少需要 15 分钟。

（2）如果一只眼睛受到影响，一定要注意不要把含有污染物的水冲洗到另一只眼睛，以防止交叉感染。

（3）在冲洗的过程中，可以转动眼球，以便更好地清除氢氟酸。

（4）立即拨打医疗求助电话，告知医生眼部已经接触氢氟酸，以便尽快得到专业的医疗救助。

（5）在转移的过程中，用冰水敷在受伤区域，以减轻疼痛并减少进一步的伤害。

（6）所有使用氢氟酸的实验室必须储存足够的葡萄糖酸钙凝胶。

（7）所有人都必须熟悉氢氟酸急救程序，以便在发生事故时可以迅速采取正确的措施。

（8）记录事故发生的原因和过程，以及受伤眼睛的状况，以便后续的调查和分析。

（9）在接受医疗救助的过程中，应如实向医生描述眼部接触氢氟酸的情况及采取的急救措施，以便医生更好地为患者提供医疗救助。

关于课程思政的思考：

化学品的危险性不容小觑，防护措施至关重要。在生产、科研等活动中，要合理使用化学品，避免不必要的浪费和污染。绿色化学理念是未来发展的方向，积极探索可持续的化学品替代品，降低化学品的使用量和对环境的影响。

第 6 章　化学品安全防控、贮存与运输

6.1　化学品接触途径

接触化学品对健康的潜在影响受多种因素影响。这些因素包括化学品的特性（包括毒性）、化学品的剂量和浓度、接触途径、接触持续时间、个体敏感性及与其他化学品混合后产生的影响。

为了解化学危害是如何产生的，首先要了解化学品是如何进入身体并造成伤害的。进入身体的四个主要途径是：吸入、摄入、刺入及通过眼睛和皮肤的吸收。

6.1.1　吸入

吸入化学物质通常是指通过呼吸道（肺）吸收化学物质。化学品以蒸汽、烟雾、喷雾、气溶胶和粉尘形式被吸入。一旦化学物质进入呼吸道，这些化学物质就可以被吸收到血液中并扩散到全身。

吸入化学物质后的症状包括：对眼睛、鼻子和喉咙的刺激，咳嗽、呼吸困难、头痛、头晕、意识混乱。如果发现以上任何症状，请立即离开该实验区域，呼吸新鲜空气。如果症状持续存在，可寻求医疗救助。

实验室工作人员可以通过使用通风橱保护自己免于吸入化学品。当通风橱无法正常使用时，使用防尘口罩和防毒面具，确保化学品容器密闭保存，避免在实验台上使用危险化学品，并确保所有泄漏的化学品被及时清理。

6.1.2　摄入

摄入是指通过消化道时吸收化学物质。化学物质的摄入可以通过直接或间接的方式发生。直接摄入可能是意外地食用或饮用了一种化学物质。可通过即时清理和标签标记的方式，降低发生的概率。

接触化学品可能性较高的方式是间接摄入。当食物或饮料被带进化学实验室时，可能会发生间接摄入的情况。例如，食物或饮料能吸收空气中的化学污染物（蒸汽或灰尘），当食用该食物或饮料时，会摄入化学品；当食物、

饮料和化学品同时贮存在一起（如冰箱里）时，也会发生这种情况；一个实验室工作人员如果处理化学品不佩戴手套或没有良好的个人卫生习惯，当他离开实验室饮食或吸烟时，也可能会出现化学品摄入情况。在上述的情况下，都有可能会接触到化学品，而长期接触的症状可能会在几年后才显现出来。

防止化学品摄入的最佳措施是给所有化学品容器贴上标签，在实验室里不要进食、饮水或嚼口香糖，始终穿戴 PPE，并保持良好的个人卫生习惯，如经常洗手。

摄入化学品的症状包括口中有金属味或其他奇怪的味道、胃部不适、呕吐、吞咽困难等。如果认为自己可能不小心摄入了某种化学品，应立即就医，就医后完成事故报告。

6.1.3 刺入

当处理受化学品污染的物品，如碎玻璃、塑料、移液管、针头、刀片或其他可能导致皮肤刺穿、划伤或擦伤的物品时，可能会通过刺入的方式接触化学物质。当这种情况发生时，化学物质可以直接进入血液中，对组织和器官造成损害。化学物质进入血液中，接触化学物质的症状可能会立即出现。

实验室工作人员可以通过穿戴适当的 PPE（如安全眼镜或护目镜、面罩和手套）来保护自己免受危害。使用前检查所有玻璃器皿是否有碎渣和裂纹，将任何有破损的玻璃器皿或塑料器皿立即丢弃。为了保护实验室的工作人员和其他维护人员，所有碎玻璃都应放在标有“碎玻璃”的防刺穿的容器中处理。可以是购买的装“碎玻璃”的容器，也可以是简单的纸板箱或其他标有“碎玻璃”标签的防刺穿的容器。

清理碎玻璃或其他尖锐物品时，务必使用扫帚、勺子、簸箕等工具，并在处理碎玻璃时戴上皮手套。对于其他可能导致割伤或刺伤的物品，例如针头和刀片，切勿将这些物品放置在公共区域，以免有人接触误伤。

如果被化学品污染物的碎片割伤或扎伤，可轻轻尝试取出碎片并立即用水冲洗，同时冲洗伤口并清除化学污染物，如有必要，可寻求医疗救助。

6.1.4 眼睛吸收

一些化学物质会被眼睛和皮肤吸收，从而导致化学物质接触。此类接触通常是由于化学品泄漏或飞溅到未受保护的眼睛或皮肤所致。一旦被这些器官吸收，化学物质会迅速进入血液并造成进一步的损害，此外还会对眼睛和皮肤造成直接影响。

眼睛接触的症状包括发痒或烧灼感、视力模糊、不适和失明。为了保护自己的眼睛免受化学品或其他危险物质的溅入，最佳方法是在实验室接触危险源时始终佩戴安全防护眼镜。例如，如果要倾倒化学品，防喷溅护目镜比安全眼镜更合适。当可能存在严重的飞溅潜在风险时，将面罩与防喷溅护目镜结合使用是保护的最佳选择。请注意，仅仅一个面罩不能给眼睛提供足够的防护。

一旦眼睛里溅有化学品，应立即去洗眼站冲洗眼睛至少 15 分钟。用你的手指张开你的眼睑，在水流下转动你的眼球。冲洗至少 15 分钟后，立即就医。

6.1.5 皮肤吸收

实验室工作人员可以选择佩戴合适的手套、穿着实验服和防护危险品的特定 PPE，如全封闭防护服、面罩和围裙，以保护皮肤免受化学物质的影响。

如果化学品溅到皮肤上，应该脱下所有受污染的手套和实验服，并用肥皂和水清洗受影响的部位至少 15 分钟。如果症状持续存在，事后应寻求医疗救助。

如果大量化学物质溅到身体上，需要用紧急淋浴器冲洗至少 15 分钟，并脱掉所有受污染的衣物。不脱掉受污染的衣物可能会使化学物质附着在皮肤上，并导致进一步的化学物质接触和损伤。冲洗后立即就医。

需要注意的是，有些化学物质需要采用特殊的解毒剂和急救程序，所以在处理化学品前一定要阅读所有化学物质的 MSDS 数据。

6.2 化学品毒性监测

作为实验室工作人员，可能经常接触各种各样有潜在危害的剧毒物质，剧毒化学品名录可扫描二维码 12 下载获取。

实验室工作人员需要遵循正确的实验室操作规范和工程控制措施，且定期进行暴露监测以确保有效地限制危险品接触。

暴露监测，即通过测量工作环境中有害物质的空气浓度来评估是否存在潜在的健康危害。监测数据可以与现有的化学品接触控制措施进行比较，以指导是否加强实施工程控制、规范操作实践及选择适当的 PPE。

如果实验室工作人员认为自己接触的化学物质超过了职业暴露限值，或者出现了接触危险物的相关症状，应该立即向实验室负责人寻求帮助。实验室负责人可以提供必要的建议和支持，以确保工作人员的健康和安全。

化学物质的毒性对人体的影响主要取决于以下因素：

（1）化学品的数量和浓度。化学物质的毒性与其数量（剂量）和浓度有关。一般而言，剂量越大，浓度越高，对人体的危害也越大。

（2）接触时间长短和频率。人体接触化学物质的持续时间和频率也会影响其毒性作用。长期频繁接触或短期内大量接触都可能增加对人体产生危害的风险。

（3）接触的途径。不同的接触途径（如吸入、摄入或皮肤接触）会导致不同的毒性效应。例如，某些化学物质可能对皮肤有刺激作用，而另一些则可能通过吸入导致肺部感染。

（4）是否含有化学品混合物。单一化学物质和混合物对人体的毒性作用也可能不同。混合物中的化学物质可能会相互反应或产生协同作用，导致更严重的毒性效应。

（5）接触化学品的人的性别、年龄和生活方式。不同性别、年龄和生活方式的人对化学物质的敏感性不同。例如，某些化学物质可能对孕妇或哺乳期妇女、儿童、老年人等特定人群表现出更严重的毒性效应。

毒性反应可分为急性毒性和慢性毒性：

（1）急性毒性。急性毒性是指人体在短时间内接触较大剂量的化学物质后出现的毒性反应。这种毒性通常是可逆的，但如果接触剂量过大或接触时间过长，可能会引发不可逆的损伤导致死亡。

（2）慢性毒性。慢性毒性是指人体长期接触较低剂量化学物质后逐渐出现的毒性反应。这种毒性通常是不可逆的，可以引起器官损伤、致癌、遗传变异等多种健康问题。虽然慢性毒性不如急性毒性明显，但它的影响往往更为深远。

6.2.1 评估毒性数据

MSDS 和其他文献资料通常使用术语“致死剂量 50”（LD50）表示化学品的毒性。LD50 描述了在毒性试验研究中导致 50 %的试验动物死亡的试验动物皮肤吸收或摄入的化学物质的剂量。另一个常用术语是“致死浓度 50”（LC50），它描述了在毒性试验研究中导致 50 %的试验动物死亡的试验动物吸入的化学物质的浓度。通过 LD50 和 LC50 值可以推断某化学物质对人类的毒性作用。一般来说，LD50 或 LC50 值越低，该化学物质的毒性就越大。此外还有其他影响因素，如化学品浓度、接触频率等。

虽然化学品对试验动物的确切毒性作用不一定与对人类的毒性作用直接相关，但 LD50 和 LC50 可以很好地表明一种化学品的毒性大小，特别是与另一种化学品相比。例如，基于对实验室工作人员安全的考虑，在实验中使用高 LD50 或 LC50 的化学品会更安全。我国国家标准《职业性接触毒物危害程度分级》（GB5044-85）根据毒物的 LD50 值、急慢性中毒的状况与后果、致癌性、工作场所最高允许浓度等指标进行全面权衡，将毒物的危害程度分为 I 至 IV 级。表 6-1 列出了常见的不同毒性级别的有毒化学品。

表 6-1　有毒化学品级别及常见药品

毒性级别	有毒化学品名称
I 级（极度危害）	汞及其化合物、苯、砷及其无机化合物、氯乙烯、铬酸盐、重铬酸盐、黄磷、铍及其化合物、对硫磷、羰基镍、八氟异丁烯、氯甲醚、锰及其无机化合物、氰化物
II 级（高度危害）	三硝基甲苯、铅及其化合物、二硫化碳、氯、丙烯腈、四氯化碳、硫化氢、甲醛、苯胺、氟化氢、五氯酚及其钠盐、铬及其化合物、氯丙烯、钒及其化合物、溴甲烷、硫酸二甲酯、甲苯二异氰酸酯、环氧氯化烷、砷化氢、氯丁二烯、一氧化碳、硝基苯
III 级（中度危害）	苯乙烯、硝酸、硫酸、盐酸、甲苯、二甲苯、三氯乙烯、二甲基甲酰胺、六氟丙烯、苯酚、氮氧化物
IV 级（轻度危害）	溶剂汽油、丙酮、氢氧化钠、四氟乙烯、氨

所有使用化学品的工作人员应获取有毒化学品的相关信息和安全培训，以确保他们了解工作区域中存在的化学品的危险性。应将这些信息提供给进入存在危险化学品工作区域的人员，特别是在实验室购买使用新的危险化学品时。

6.2.2　实验室防毒措施

实验室防毒措施包括：

（1）实验前，涉及使用有毒化学品的人员在实验开始前都要接受相关安全教育培训，并通过考核了解所用化学品的毒性及防护措施。

（2）操作有毒气体（如 H_2S、Cl_2、Br_2、NO_2、浓 HCl 和 HF 等）时应在通风橱内进行。

（3）苯、四氯化碳、乙醚、硝基苯等蒸汽会引起中毒，它们虽有特殊气味，但久嗅会使人嗅觉减弱，所以应在通风良好的情况下使用。

（4）有些化学品（如苯、有机溶剂、汞等）能透过皮肤进入人体，因此应避免与皮肤接触。

（5）氰化物、汞盐、可溶性钡盐、重金属盐（如镉、铅盐）、三氧化二砷等剧毒药品，应严格执行“五双”制度（双人保管、双人领取、双人使用、双把锁、双本账）妥善保管，使用时要特别小心。

（6）禁止在实验室内进食、饮水。餐具不得带进实验室，以防有毒化学品污染，离开实验室及饭前要洗净双手。

6.3　化学品防控措施

实验室人员保护自己免受化学品危害的最佳方式是尽量减少与化学品接触，为了尽量减少与化学品接触，可采取以下措施：

（1）实验中尽可能使用有害化学物质替代物。

（2）所有的实验都采用最小试剂用量。

（3）一定要穿戴 PPE，并定期检查有无污染、泄漏、裂纹、孔洞，尤其要注意手套。

（4）尽可能使用间接接触的技术和设备，例如使用移液器、注射器或吸管等工具来操作液体化学物质。

（5）避免直接闻或尝化学制品的味道，当需要识别化学品的气味时，实验室人员应将化学品容器远离脸部，用手轻轻地在容器上方轻轻挥动，避免吸入大量的化学蒸汽。

（6）为了识别潜在的风险，实验室工作人员应该提前计划实验，包括将采取的操作步骤，以尽量减少与所用化学品的接触，熟悉设备的正确使用方法，并组织进行紧急情况演练。

（7）当使用化学品混合物时，实验室人员应假设该混合物比其中毒性最大的成分的毒性更大。

（8）假定所有未知物质是有毒的，直至证明无毒。

（9）定期进行监测以确定空气中化学品的浓度不超过安全限量。

（10）无论泄漏的化学品是危险的还是无害的，都应及时清理。清理溢出物时，还要注意清理附近区域橱柜和门侧面可能出现的任何溅出物。

（11）在冷藏室工作时，由于冷藏室有空气再循环的系统，因此应将所有有毒和易燃物质密封好。

（12）在冷藏室和封闭环境中使用低温材料和压缩气体时，需要注意潜在的窒息危险。在密闭区域使用这些材料之前，建议安装氧气监测器、缺氧警报器或有毒气体监测器。

（13）在含有危险化学品的环境中，应严格禁止进食、饮水、嚼口香糖或使用化妆品。

（14）不能将任何食物和饮料存放在用于贮存化学品的冰箱和冰柜中，用于贮存化学品的冰箱应贴上“仅限化学品—禁止食品”的警告标志。

（15）即使在处理化学品过程中戴着手套，处理完化学品后，也一定要用肥皂和水洗手，特别是在离开实验室和进食之前。

（16）在离开实验室之前，要脱掉个人防护装备，如手套和实验服等。

（17）根据发表的实验方案进行实验，在完全熟悉潜在危险之前不要尝试扩大实验规模。扩大实验规模时，一次只改变一个变量，例如不要同时改变反应温度、反应物体积和玻璃器皿的尺寸，尽可能让实验室其他成员在每次进行实验之前再次检查方案设置。

（18）使用挥发性化学物质，以及在实验室储物柜、手套箱或其他密封设备腔体中易形成气溶胶的化学物质一定要按照程序操作。

6.4　化学品贮存

6.4.1　化学品贮存通识

化学品贮存通识包括以下方面：

（1）危化品保管应遵循“五双”和“四无一保”制度（图 6-1）。“五双”制度是指双人保管、双人领取、双人使用、双把锁、双本账，这可以保证危险化学品的库存和使用都在两人以上的监管下进行，避免单个人或少数人操作不当导致事故发生。同时，双本账可以更好地记录和监管危险化学品的库存和使用情况，保证危险化学品的安全管理和使用。“四无一保”制度是指无被盗、无事故、无丢失、无违章、保安全。危险化学品管理人员要采取必要的措施，确保危险化学品不会发生被盗、丢失等情况，同时要严格遵守相关的安全规定，避免违章操作，确保使用安全。常见危化品包括：剧毒化学品、易制毒化学品和易制爆化学品。剧毒化学品、易制毒化学品和易制爆化学品名录可分别扫描二维码 12、13 和 14 查看或下载获取。

五双	四无一保
双人保管	无被盗
双人领取	无事故
双人使用	无丢失
双把锁	无违章
双本账	保安全

图 6-1 “五双”和“四无一保”制度

二维码 13：易制毒化学品名录

二维码 14：易制爆化学品名录

（2）所有使用或贮存化学品的实验室都需要定期更新化学品清单，以符合建筑、消防和生命安全规范，并在紧急情况下能够向相关人员提供关键信息（如 MSDS）。

（3）实验室人员可以利用一些系统准确地维护化学实验室中化学品库存。

（4）实验室贮存化学品推荐做法是瓶子上写好存放位置。

（5）实验室环境中的化学品贮存区包括储藏室、实验室工作区、储藏柜、冰箱和冰柜。应建立符合实验室贮存化学品准则的推荐做法。正确贮存化学品可促进建立更安全、更健康的工作环境，并有助于防止污染发生。

化学品贮存不当会导致如下后果：

（1）容器降解或分解，可以释放有害气体，危害实验室人员的健康。

（2）容器降解或分解，致使化学品被污染，会对实验结果产生不良影响。

（3）容器降解或分解，可以释放蒸汽，反过来又可以影响附近容器的使用性。

（4）标签模糊，会导致未知风险发生。

（5）化学品变得不稳定可能具有爆炸风险。

实验室应坚持按照贮存准则正确并安全地贮存的化学品。通过实施这些准则，实验室可以确保化学品的安全贮存并加强实验室的总体管理和组织。化学品的正确贮存还有助于更有效地利用有限的实验室空间。如图 6-2 所示，剧毒化学品（NFPA 菱形健康危害划为等级 3 或更高），应保存于上锁的化学柜中并贴上警示标志。

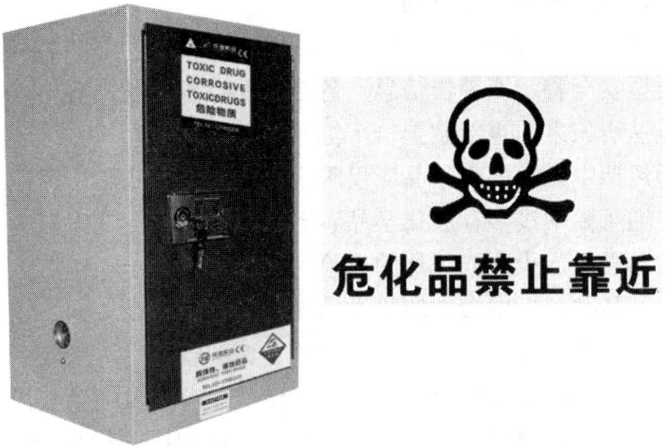

图 6-2　剧毒化学品贮存柜及警示标志示意图

【案例分析 6-1】危化品管理缺陷导致的室友投毒案

案例概述：2013 年 4 月，上海某大学医学院研究生遭到他人投毒，最终死亡。投毒者是他的室友，其室友使用了剧毒化学品 N-二甲基亚硝胺。投毒者因故意杀人罪被判死刑，并被剥夺政治权利终身。教育部办公厅在投毒案发生后发布了紧急通知，要求全国高校对于毒害品实行“五双”管理制度。

经验教训：危险化学品管理人员必须做到“四无一保”，并严格遵守“五双”制度，以确保危险化学品的安全管理和使用。危险化学品管理人员必须严格遵守这些规定，并采取必要的措施确保危险化学品的安全管理和使用，避免发生安全事故。

6.4.2　化学品贮存的基本准则

化学品贮存的基本准则包括以下几个方面：

（1）贮存化学药品要按照化学品的性质进行分类，而不能按照字母和元素分类！这不仅是为了方便查找和使用，也是为了防止化学品被接触或混合，从而避免潜在的危险。

（2）每一种化学物质都应该有一个可识别的贮存位置，并在使用后放回到原来的位置。

（3）一般情况下，不应将化学物质贮存在眼睛上方的储物架上。

（4）不要将化学品存放到难以够到的架子上。

（5）应将工作台上化学品的贮存量保持在最低限度，以防止混乱和化学品溢出，并留出足够的工作空间。

（6）化学品容器都必须贴上标签。标签应包括化学品的名称、成分、浓度、危害类型安全警示及警告信息。务必定期检查化学品容器，并在化学品标签变得无法辨识之前重新贴上一个标签。

（7）通风橱中贮存的化学品应仅限于正在进行的实验所需，并保持在最低限量。在通风橱中过多存放化学品容器会干扰气流流通，减少工作空间，并增加化学品溢出、火灾或爆炸的风险。

（8）化学品贮存柜中较大的化学品的容器应存放在后面，较小的容器应存放在前面可见的地方，标签朝外，以便于查阅。

（9）化学品不应放置在地板上，因为化学品容器可能会被撞倒并溢出。如果必须将化学品容器放置在地板上，则化学品容器必须贮存在二级容器中，如托盘，并且远离过道空间。

（10）对于大量的同一化学品，旧的容器应存放在新的化学品容器前面，少量的化学品容器应放在装满的容器前面。这可以使旧的化学品首先使用起来，并有助于最大限度地减少贮存区中化学品容器的数量。

（11）不要将化学品贮存在阳光直射或靠近热源的地方。

（12）所有化学品容器不使用的时候应将盖子盖紧。

（13）实验室化学品应采购易于处理和操作的容器尺寸。除非有经过批准的转移方法（泵、分配装置等），否则不应从较大尺寸的容器中分批获取化学品。

（14）如图 6-3 所示，液体化学品容器应存放在二级容器中，如托盘，以尽量减少容器破损而导致化学品溢出的风险。

（15）始终根据兼容性和危险等级对化学品进行隔离和贮存，常用危险化学品贮存禁忌物配存图可扫描二维码 15 查看或下载获取。

（16）物质相互作用易出现燃烧或爆炸的分类表见表 6-2。

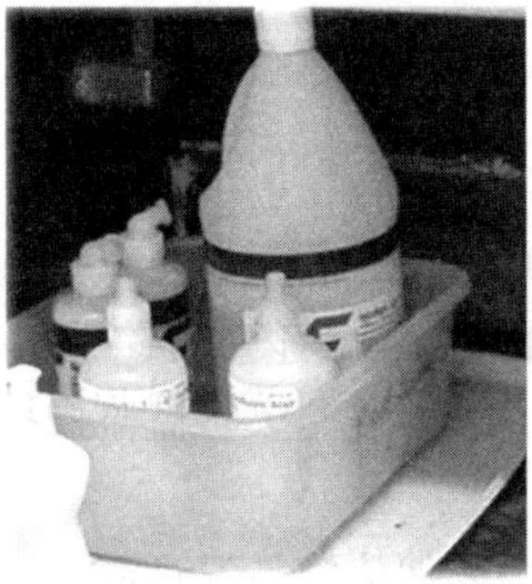

图 6-3　二级容器盛装化学品容器示例图

（17）所有化学品容器应在到达实验室时标明日期，并定期进行检查，在超过有效期时，应采取相应的处理措施。请注意：由于潜在的爆炸危险，形成过氧化物的化学品应在收到和第一次打开时注明日期，然后每六个月测试一次。有关易形成过氧化物的化学品的清单及处置方法，扫描二维码 11（第 5 章）查看或下载获取。

二维码 15：常用危险化学品贮存禁忌物配存图

表 6-2　物质相互作用易出现燃烧或爆炸的分类表

物质	互相作用的物质	产生结果
浓硝酸、硫酸	松节油、乙醇	燃烧
过氧化氢	乙醇、甲醇、丙酮	燃烧
高锰酸钾	乙醇、乙醚、硫磺等有机物	爆炸
钾、钠	水	爆炸
乙炔	银、铜、汞化合物	爆炸
硝酸盐	脂类、乙酸钠、氯化亚锡	爆炸
过氧化物	镁、锌、铝	爆炸

6.4.3 有毒化学品贮存的基本准则

有毒化学品贮存的基本准则包括以下方面：

（1）有毒化学品必须贮存在专用仓库内，数量少时可贮存在专用贮存柜内。库房和贮存柜必须结构坚固、封闭牢靠，通风良好，阴凉干燥。

（2）有毒化学品仓库必须安装防火防盗监控报警装置，并与保卫部门的监控系统联网。

（3）有毒化学品不得与其他化学品混存混放。

（4）有毒化学品应符合分类、分级贮存，隔离保管等要求，贮存量不得超过主管部门和公安部门规定的限量。在库的有毒化学品必须保证账、物、标签相符（包括品种、规格、数量）。

（5）有毒化学品贮存过程中应保持其容器包装完好无损，如有破损应立即采取措施，转移容器，及时处理。

（6）过期、废弃的有毒化学品及使用过的有毒化学品包装容器必须妥善保管，不得随意丢弃，应交由有资质的有毒物品处理机构处理。

（7）使用有毒化学品进行实验的人员完成实验后，不能将化学品带出实验室。应对该化学品的使用时间、用途和用量进行详细记录。如发现有毒化学品丢失或数量不对，应立即报告单位负责人和保卫部门。

（8）涉及有毒化学品的实验人员不得将实验剩余物弃之不顾或随意处置，而必须将其交给实验室管理人员全部回收、登记，集中销毁。废弃的有毒化学品和实验残余的有毒化学品，应集中交给有资质的销毁机构进行处置、销毁。

6.4.4 易燃和可燃液体贮存

易燃和可燃液体的贮存建议：

（1）贮存要求。易燃液体在非使用状态下，应存放在易燃液体贮存柜内，且贮存量不得超过 40 升。易燃液体贮存柜需得到化学品制造商认可，确保适用于贮存易燃液体，且应符合相关安全标准。

（2）贮存位置。易燃液体不应贮存在非防爆冰箱或冰柜中，因为存在潜在的爆炸危险。易燃液体应贮存在易燃液体贮存柜中，且应远离热源、火源和电气设备。

（3）贮存容器和标志。贮存易燃液体的容器必须是密封的，且应有清晰的标志，包括化学品的名称、成分、危险类别、使用方法和贮存要求等信息。

容器应保持完好无损，且应及时清理泄漏物。

（4）贮存禁忌。不要将酸贮存在易燃液体贮存柜中，因为这可能会导致贮存柜和里面的容器被严重腐蚀。但是有机酸，如乙酸、乳酸和甲酸例外，它们既是易燃/可燃的，也具有腐蚀性，因此可以贮存在易燃或腐蚀性的贮存柜中。腐蚀性化学品应存放在耐腐蚀贮存柜中。

（5）培训和泄漏控制。在使用化学品的区域，应始终准备好泄漏工具箱和其他控制泄漏的设备。同时，确保在实验室工作的所有人员都接受过泄漏工具存放位置和使用方法的培训。

【案例分析 6-2】冰箱线路故障引起易燃溶剂爆炸

案例概述：2009 年 12 月 18 日下午，国内某大学化学实验室发生冰箱爆炸且引起着火，由于扑救及时，未造成大的损失。事故原因可能是冰箱使用时间过久（2004 年 6 月开始），电路出现故障，致使开封使用存放在冰箱内的乙醚和丙酮从瓶中泄漏，冰箱内形成高浓度的乙醚和丙酮蒸汽并达到爆炸极限，引发爆炸。

经验教训：实验室常常涉及各种有机溶剂的使用，这些溶剂易挥发，如果管理不当，很容易引发事故。因此，对于这些有机溶剂，应该采取有效的措施进行贮存和管理，确保其不会泄漏或挥发到空气中。将有机溶剂放置在防爆冰箱中，可以有效地降低其挥发程度，避免其在空气中达到爆炸极限，从而降低事故发生的风险。

此外，实验室设备的定期维护和报废是至关重要的。在这个案例中，冰箱使用时间过久，电路出现故障，最终导致了爆炸事故。定期对实验室设备进行检查和维护，可以及时发现并解决潜在的安全隐患，避免设备在使用过程中出现故障或意外。当设备达到使用寿命或存在严重安全隐患时，应当及时报废并更换新的设备。

6.4.5　化学品的分类贮存

化学品应按照相容性和危险类别进行贮存。首先按危险类别将它们分开，而不是按字母顺序、碳数或物理状态等因素贮存化学品。将不相容的化学品贮存在一起时存在以下潜在危害：

（1）产生热量。当某些化学品贮存在一起时，它们之间可能会发生化学反应，产生热量。如果这些热量不能及时散发出去，可能会引起温度升高，进而引发其他危害。

（2）可能发生火灾和爆炸。某些化学品是易燃、易爆的，如果贮存不当或遇到火源，可能会引起火灾或爆炸。

（3）生成有毒或易燃气体和蒸汽。某些化学品会分解产生有毒或易燃的气体或蒸汽，这些气体或蒸汽在密闭的空间内积聚，可能会引发中毒、爆炸等危险。

（4）有毒化合物的形成。某些化学品在贮存过程中可能会与其他化学品发生反应，生成新的有毒化合物。

（5）形成对冲击和摩擦敏感的化合物。某些化学品在贮存过程中可能会形成对冲击和摩擦敏感的化合物，这些化合物在受到外力作用时可能会发生爆炸或燃烧。

（6）剧烈聚合反应。某些化学品在贮存过程中可能会发生剧烈的聚合反应，产生大量的热量和气体，进而引发爆炸或其他危害。

按危险类别贮存化学品的优点包括：

（1）更安全的化学贮存。按照化学品的危险类别进行贮存可以减少它们之间不相容的可能性，降低发生危险的可能性，这样可以保证更安全的化学贮存。

（2）增加对化学品的了解。按照化学品的危险类别进行贮存需要了解每种化学品的性质、危害和贮存要求。这样可以增加对化学品的了解，更好地掌握它们的性质和特点。

（3）识别潜在爆炸性化学品。按照化学品的危险类别进行贮存需要将易燃、易爆的化学品贮存在特定的区域或容器中。这样可以方便地识别潜在爆炸性化学品，采取相应的措施进行管理和监控。

（4）识别同一化学品的多个容器。按照化学品的危险类别进行贮存需要将同一化学品的不同容器或不同浓度的化学品分开贮存。这样可以避免混淆或误用，同时方便管理和跟踪每个容器的使用情况。

对化学品进行分类贮存时，考虑以下因素：

（1）化学品物理危害。化学品的物理危害包括易燃、易爆、有毒、腐蚀性等。需要根据化学品的物理危害进行分类贮存，以避免相互作用导致更大的危险。

（2）化学品健康危害。化学品可能会对人体健康造成危害，如毒性、刺激性、致癌性等。在贮存化学品时，需要考虑它们对人体健康的危害程度，将危害程度较高的化学品进行分类贮存，以避免对人体造成危害。

（3）化学物态。化学品有固体、液体和气体三种物态。不同物态的化学品在贮存时需要考虑其特性，如液体化学品需要考虑泄漏和挥发等问题，气体化学品需要考虑容器密封和气压等问题。

（4）化学品的浓度。同一化学品的不同浓度可能具有不同的危害程度。

在贮存化学品时，需要考虑其浓度差异，将不同浓度的化学品分类贮存，以避免相互作用或误用。

（5）不同危险等级的化学品分类。某些不同危险等级的化学品可能会出现在同一个化学柜中，可以采用物理方法分开贮存，如采用高边或深托盘。但是，永远不要将氧化剂和易燃物贮存在同一个柜子中。另外，不要将无机氰化物和酸等化合物贮存在同一个柜子中。这样可以避免不同危险等级的化学品相互作用导致更大的危险。

（6）标志和标签。一旦化学品被隔离存放，确保实验室中的每个人都知晓贮存原则。最好通过在橱柜上贴上标志或危险类别标签来清楚地确定每个危险类别中化学品的存放位置。这些标签可以通过购买或由实验室人员创建得到。这样可以方便管理和使用化学品，并避免误用或混淆造成的危险。

下述几类是必须隔离存放的化学品：

（1）氧化剂与还原剂及有机物等不能混放。氧化剂和还原剂之间会发生氧化还原反应，产生大量的热量和气体，可能会导致爆炸或火灾。有机物可能会被氧化剂氧化，产生易燃、易爆的物质，也可能导致火灾或爆炸。

（2）强酸尤其是硫酸不能与强氧化剂的盐类（如高锰酸钾、氯酸钾等）混放。强酸和强氧化剂的盐类之间会发生化学反应，产生大量的热量和气体，可能会导致爆炸或火灾。此外，硫酸和某些盐类反应会产生有毒有害的气体，如硫化氢、氯气等，对人体健康造成危害。

（3）与酸类反应产生有害气体的盐类（如氰化钾、硫化钠、亚硝酸钠、氯化钠、亚硫酸钠等）不能与酸混放。这些盐类和酸类之间会发生化学反应，产生有毒有害的气体，如氰化氢、硫化氢、二氧化氮、氯气等，对人体健康造成危害。

（4）易水解的化学品（如醋酸酐、乙酰氯、二氯亚砜等）忌与水、酸及碱混放。这些药品容易水解，产生大量的热量和气体，可能会导致爆炸或火灾。

（5）卤素（氟、氯、溴、碘）忌与氨、酸及有机物混放。卤素和氨、酸及有机物之间会发生化学反应，产生有毒有害的气体，如氯气、溴气、碘蒸汽等，对人体健康造成危害。

（6）氨忌与卤素、汞、次氯酸、酸类等接触。氨和卤素、汞、次氯酸、酸类等之间会发生化学反应，产生有毒有害的气体，如氨气、氯气、溴气等，对人体健康造成危害。

（7）许多有机物忌与氧化剂、硫酸、硝酸及卤素接触。许多有机物容易被氧化剂氧化，产生易燃、易爆的物质，也可能导致火灾或爆炸。它们也会与硫酸、硝酸及卤素发生化学反应，产生有毒有害的物质，对人体健康造成危害。

此外，两种药品互相反应，会放出有毒有害气体。如一氧化碳、二氧化硫等，对人体健康造成危害。

【案例分析 6-3】化学试剂存放不当遇水自燃

案例概述：2011 年 10 月 10 日，湖南某大学化学化工实验室因药物储柜内的三氯氧磷、氰乙酸乙酯等化学试剂存放不当，遇水自燃，引发火灾。火灾导致实验室四层楼全部烧为灰烬，电脑和资料全部烧毁，火灾面积近 790m^2，直接财产损失达 42.9 万元。火灾事故现场如图 6-4 所示。据调查，事故直接原因是实验室西侧操作台有漏水现象，导致药物储柜内的化学试剂遇水自燃。消防部门认为该校未将遇水自燃的金属钠、三氯氧磷等危险化学品放置于符合安全条件的贮存场所是导致起火的主要原因。

经验教训：对于遇水自燃的化学试剂如金属钠、三氯氧磷等，应该严格按照国家有关危险品贮存的规范进行贮存和管理。这些化学试剂应该存放在指定的危险品仓库或专门的防爆柜中，并由专人负责管理。

实验室管理人员应该定期对化学试剂进行检查，确保其没有受到潮湿、高温、阳光直射等影响，以及及时处理任何潜在的安全隐患。此外，实验室的设备和设施也应该定期进行检查和维护，确保其处于良好的工作状态。

图 6-4 火灾事故现场

【案例分析 6-4】违规大量贮存易燃易爆化学品

案例概述：2018 年 12 月 26 日，北京某高校一实验室发生爆炸。据报道，当时学生在进行垃圾渗滤液污水处理科研实验，实验现场发生爆炸。爆炸事故发生前现场如图 6-5 所示，事故现场堆放了大量的易燃易爆化学品，包括 30 桶镁粉、8 桶催化剂和 6 桶磷酸钠等。这起事故是一起严重的安全事故，造成了 3 名参与实验的学生死亡和重大财产损失。事故的直接原因是搅拌机内的金属摩擦和碰撞产生的火花点燃了氢气，而氢气是在镁粉和磷酸反应过程中产生的。此外，爆炸还引发了镁粉尘云的爆炸，进一步扩大了事故的危害。事故的间接原因则是学校有关人员的违规行为和管理不到位，涉及违规开展实验、冒险作业，违规购买、违法贮存危险化学品，以及对实验室和科研项目安全管理不到位，这些行为导致了事故的发生和危害的扩大。事发科研项目负责老师李某和事发实验室安全责任人张某被追究刑事责任，其他 12 名相关安全责任人受到了党纪政纪处分。这些安全责任人包括学校书记、校长等领导及实验室相关管理人员和具体操作人员等。

图 6-5　事故发生前拍摄的场地存放镁粉情况

经验教训：对于这起事故，应该吸取教训，加强实验室和科研项目安全管理，规范实验操作流程，加强人员培训和应急演练。同时，应该加强对危险化学品的监管和贮存管理，严格控制实验室内易燃易爆化学品的存放和使用。此外，应该加强相关人员的责任意识和安全意识，落实安全责任制度，确保实验室和科研项目的安全稳定运行。

【案例分析 6-5】镁铝粉爆燃致 2 死 9 伤

2021 年 10 月 24 日，南京某高校的一座实验楼发生爆燃事故。据初步了解，发生爆炸的实验室内有大量镁铝粉末和丙酮等化学物质。这些化学物质都是易燃易爆的，一旦遇到明火或摩擦等，就可能引发燃烧或爆炸。

据南京消防通报，事故造成 2 人死亡，9 人受伤。相关部门迅速组织了救援和善后工作，全力救治伤员，并对事故原因展开了调查。据初步调查结果，事故起因是引燃的镁铝合金导致前期燃烧爆炸。镁铝粉末在高温下可以与氧气发生反应，释放出大量的热量和可燃气体，当这些可燃气体达到一定浓度时，就会引发燃烧或爆炸。此外，爆炸产生的明火引燃了空气中挥发的丙酮等化学物质，导致了最后一次更剧烈的爆炸。

经验教训：这起事故再次提醒人们实验室安全的重要性。实验室是进行科研和教学的重要场所，也是易燃易爆等危险品集中的地方。因此，相关高校应加强对实验室的安全管理和监督，严格执行相关法规和标准，加强人员培训和教育，提高安全意识和防范能力。

6.5 化学品运输准则

为了减少在实验室或校园其他建筑物之间运输化学品时发生泄漏的可能性，保护人员和环境的安全，应执行以下准则：

（1）借助使用手提篮等工具。当运输化学品时，应该使用手提篮（图 6-6）等工具，以确保化学品容器的稳定性。如果有必要的话，可以在容器内插入少量的包装材料，以防止瓶子在运输过程中倾倒或破裂。同时，应该穿戴合适的 PPE，如防护手套、防护眼镜等，以应对可能的泄漏事件。

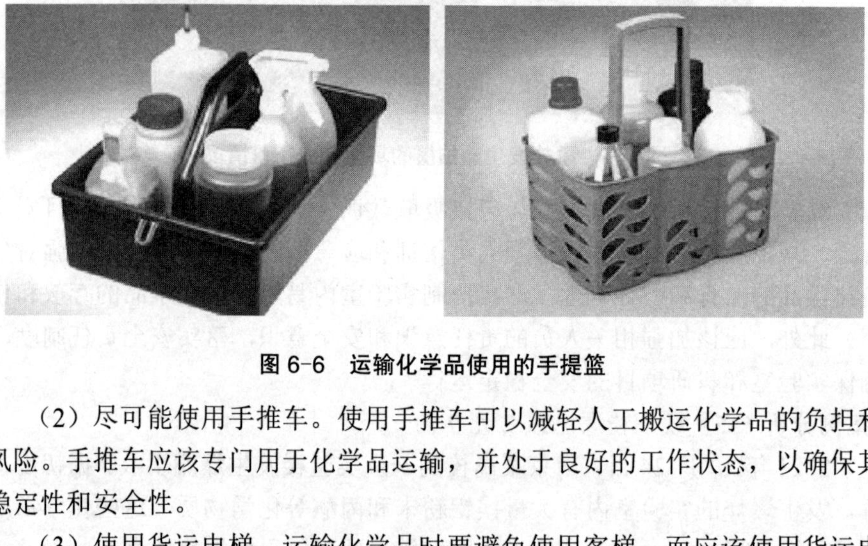

图 6-6 运输化学品使用的手提篮

（2）尽可能使用手推车。使用手推车可以减轻人工搬运化学品的负担和风险。手推车应该专门用于化学品运输，并处于良好的工作状态，以确保其稳定性和安全性。

（3）使用货运电梯。运输化学品时要避免使用客梯，而应该使用货运电梯。这样可以减少化学品在运输过程中的振动和碰撞，降低泄漏的风险。少量化学品可以放在手提篮内运输。

（4）使用合适的气瓶手推车。运输压缩气瓶时，应该使用合适的气瓶手推车，并将气瓶牢固地绑在手推车上。切勿滚动或拖动压缩气瓶，以免发生泄漏或爆炸事故。

（5）如图 6-7 所示，避免乘坐携带低温液体或压缩气瓶的电梯。在运输这些材料时，应该避免一个人操作。一个人在电梯上妥善固定杜瓦瓶或气瓶，而另一个人在杜瓦瓶或气瓶将到达的电梯门口等待。这样可以减少在电梯内发生泄漏事故的风险。

（6）遵循特定的程序、培训要求和其他法律要求。在校园内运送或转移危险化学品时，应该遵循特定的程序、培训要求和其他法律要求。这样可以确保化学品的安全运输和转移，减少泄漏事故的风险。

（7）做好个人防护。有毒化学品运输人员应该做好个人防护，穿防护服，戴上口罩、手套等防护装备。事毕应该更衣洗澡，以避免化学品残留对人体造成危害。

（8）平稳轻放。装卸有毒化学品时应该平稳轻放，不得肩扛、背负、摔碰、翻滚。这样可以防止包装容器破损，减少化学品泄漏的风险。

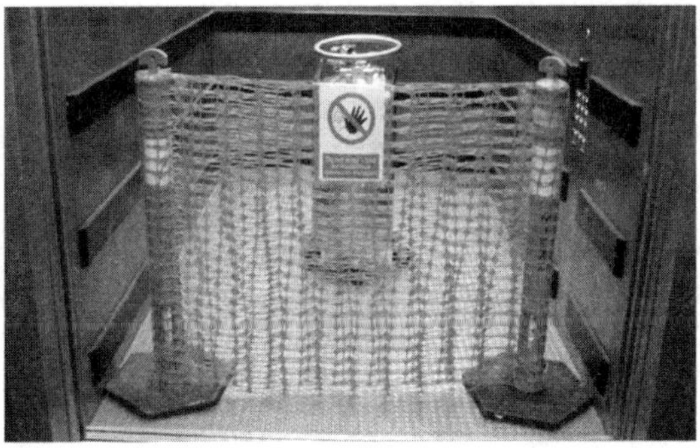

图 6-7　电梯运送低温气体应采取的措施

> 关于课程思政的思考：
>
> 化学品安全防控是实验室安全管理的重要组成部分，它不仅关系到实验人员的健康和生命安全，也是维护校园和社会稳定的重要保障。化学品运输人员需具备规则意识和安全意识。化学品的运输必须遵守相关法规，任何违反法规的行为都可能导致严重的后果。运输人员要确保运输过程的安全，了解化学品的性质，采取相应的防护措施，如穿戴防护用品等。化学品贮存不仅涉及安全意识问题，还涉及认真负责态度。化学品的贮存场所应符合相关标准，对不同性质的化学品要进行分类存放，并定期检查。只有做好每一个环节的工作，才能确保化学品的安全使用。

第 7 章　实验室废弃物处置

实验室危险废物是指那些具有毒性、易燃性、爆炸性、腐蚀性、反应性或其他有害特性的废物，如果使用、储存、运输或处置不当，可能会对人类健康和环境造成潜在危害。

实验室废物必须至少具有以下特征之一才能被视为实验室危险废物：

（1）可燃性。废物的闪点低于 60℃，这意味着它在相对较低的温度下可以燃烧或爆炸。

（2）腐蚀性。废物的 pH 值小于等于 2 或大于等于 12.5，这意味着它具有高度的酸性或碱性，能够腐蚀金属、玻璃或其他材料。

（3）反应活性高。废物容易与水反应，对冲击敏感，或能够产生有毒气体。这意味着它可能会在毫无预警的情况下发生危险反应。

（4）毒性。废物具有急性毒性、致癌性、生殖毒性或其他有害特性，这意味着它能够对人类或动物的健康造成潜在危害。

各单位都应该建立危险废物收集程序，以确保实验室产生的危险废物得到妥当处理和处置。

以下是一些处理实验室危险废物的建议：

（1）不要将危险废物倒进水槽。水槽并不是处理危险废物的合适场地，因为废物可能会与水反应或溶解在水中，导致更大的危害。应该使用适当的容器收集危险废物，并按照当地的法规和要求进行处理和处置。

（2）不要在通风橱、安全柜等中蒸发处理危险废物。通风橱和安全柜是用来保护实验室工作人员免受有害化学品危害的设备，而不是用来处理危险废物的。在通风橱或安全柜中通过蒸发处理危险废物可能会导致有害气体或蒸汽泄漏，对实验室工作人员和环境造成危害。

（3）不要将危险废物放入普通垃圾桶中。普通垃圾桶不是用来处理危险废物的，因为废物可能会与普通垃圾混合在一起，导致更大的危害。相反，应该使用专门的危险废物收集容器，并按照当地的法规和要求进行处理和处置。

7.1　固体废弃物分类及处置

实验室固体废弃物的分类和处置需要遵循相关法规和规定，确保不会对环境和人体健康造成危害。同时，实验室应该建立完善的废弃物管理制度，规范废弃物的收集、分类、处理和处置，以减少对环境的影响。

以下是对固体废弃物分类和处置的准则：

（1）普通废弃物，包括包装盒、打印资料废纸等。这些废弃物可以被放入普通的垃圾桶中，但需要注意不要混入锋利垃圾或化学污染垃圾。为了警示他人，可以在垃圾桶上贴上警示标志。

（2）化学污染废弃耗材，包括手套、口罩、离心管、滤纸移液枪头等。这些废弃物应该被放入专门的化学污染垃圾桶中，以避免对环境造成危害。在丢弃之前，应该检查这些耗材是否已经被充分使用，如果可以重复使用，应该进行清洗和处理。

（3）废弃固体药品或样品。当固体药品或样品量大时，不应该随离心管一起丢弃。相反，应该将其放入专门的化学污染垃圾桶中，或按照当地的法规和要求进行处理和处置。在处理之前，应该确保这些药品或样品不会对环境造成危害。

（4）空药品瓶。在废弃之前，应该先用清水润洗三次，以确保瓶子内部没有残留的化学品。然后将空瓶子按照材质（如玻璃、塑料）分类放入专门的化学污染垃圾桶中，或按照当地的法规和要求进行处理和处置。

（5）碎玻璃等。这些废弃物非常尖锐，容易伤人。因此，应该使用厚纸板箱来存放它们，以避免刺伤事故。在存放之前，应该确保这些废弃物已经被彻底清洗，并且不会对环境造成危害。

（6）针头等金属锋利物。这些废弃物也非常尖锐，容易伤人。因此，应该使用专用的厚塑料桶来存放它们，以避免刺伤事故。在存放之前，应该确保这些废弃物已经被彻底清洗，并且不会对环境造成危害。

7.2　固体废弃物存放容器

图 7-1 为实验室常见的存放固体废弃物的容器，包括化学污染物垃圾桶，厚纸板箱及厚塑料桶。化学污染物垃圾桶通常用来收集和处理含有有害化学物质的废弃物，以防止化学物质泄漏和挥发。

图 7-1 化学污染物垃圾桶、厚纸板箱及厚塑料桶示例图

存放化学污染物的垃圾桶需要注意以下事项：

（1）使用可区分颜色的专用垃圾桶。为了避免混淆和误用，化学污染物垃圾桶应该使用可区分颜色的专用垃圾桶。例如，红色垃圾桶通常用于存放有害化学废物，黄色垃圾桶用于存放医疗废物，蓝色垃圾桶用于存放可回收废物。

（2）推荐脚踩式垃圾桶。为了方便和安全，推荐使用脚踩式垃圾桶。这样可以避免手部接触垃圾桶的盖子，减少交叉污染的风险。

（3）内置专用垃圾袋。化学污染物垃圾桶应该内置专用垃圾袋，以避免废物直接与垃圾桶接触。垃圾袋应该是防漏的，并且能够承受化学废物的重量。

（4）不可丢锋利垃圾。化学污染物垃圾桶不应该用于存放锋利垃圾，如玻璃碎片、针头等。这些垃圾应该放入专门的厚纸板箱或厚塑料桶中。

（5）禁止丢入普通垃圾。化学污染物垃圾桶只应该用于存放化学污染物，不应该用于存放普通垃圾。普通垃圾应该放入普通的垃圾桶中。

（6）禁止丢入大量固体废弃药品（样品）。化学污染物垃圾桶不应该用于存放大量固体废弃药品（样品）。这些废弃物应该分类收集，然后按照当地的法规和要求进行处理和处置。

（7）装满后扎紧口袋丢弃。当化学污染物垃圾桶装满后，应该扎紧口袋并将其丢弃。在丢弃之前，应该确保垃圾袋没有泄漏或破损。

（8）贴上所属实验室标签。为了方便管理和追踪，化学污染物垃圾桶应该贴上所属实验室的标签。这样可以避免不同实验室之间的混淆和误用。

使用厚纸板箱存放尖锐的锋利垃圾时，需要注意以下事项：

（1）使用厚纸板箱。为了确保尖锐垃圾不会刺破纸板箱，应该使用足够厚的纸板制作箱子。

（2）内置厚壁塑料袋。为了避免尖锐垃圾与纸板直接接触，应该在纸板箱内放置一个厚壁塑料袋。这样可以防止垃圾刺破纸板箱，同时也方便清理和处置。

（3）存放尖锐的锋利垃圾，如碎玻璃、碎陶瓷等，这些垃圾应该被放入厚纸板箱内的厚壁塑料袋中。

（4）不能有化学污染。为了避免化学污染，不应该将化学污染物垃圾放入厚纸板箱内。例如，滤纸和手套等化学污染物垃圾应该被放入专门的化学污染垃圾桶中。

（5）装满后用胶带封闭结实。当厚纸板箱装满后，应该使用胶带将其封闭结实。这样可以避免垃圾从箱子中掉落或泄漏。

（6）贴上标签。为了方便管理和追踪，应该在厚纸板箱上贴上标签，标明箱内所存放的垃圾种类（如：碎玻璃，锋利，无化学污染）。这样可以避免不同实验室之间的混淆和误用。

使用厚塑料桶存放尖锐锋利垃圾时，需要注意以下事项：

（1）使用厚塑料桶/盒。为了确保尖锐锋利垃圾不会刺破塑料桶，应该使用足够厚的塑料制作箱子或桶。建议选择质地坚韧、耐用的塑料材质，如高密度聚乙烯等。

（2）存放一切尖锐锋利垃圾。厚塑料桶应该用于存放一切尖锐锋利垃圾，如注射器、刀片、钉子等。这些垃圾应该被放入厚塑料桶内。

（3）装满后用胶带封闭结实。当厚塑料桶装满后，应该使用胶带将其封闭结实。这样可以避免垃圾从桶中掉落或泄漏，同时也可以减少异味和污染物的挥发。

（4）贴上标签。为了方便管理和追踪，应该在厚塑料桶上贴上标签，标明桶内所存放的垃圾种类（如：针头，锋利）。这样可以避免不同实验室之间的混淆和误用。

需要注意的是，在处理尖锐锋利垃圾时，为了避免意外伤害，建议在使用厚塑料桶时戴手套等个人防护装备。

7.3　废弃活泼金属处置

处置废弃活泼金属的原因主要有以下几点：

（1）环保要求。活泼金属在自然界中难以降解，如果随意丢弃或处理不当，会对环境造成严重污染。

（2）资源再利用。一些废弃活泼金属可以通过回收利用的方式进行处理，将其转化为新的金属材料或合金，从而实现资源的再利用，减少对自然资源的消耗。

（3）减少安全隐患。废弃活泼金属如果长期存放或处理不当，可能会引发火灾、爆炸等安全隐患。

废弃活泼金属的处置需要遵循一定的规范，以确保其安全、环保和经济。以下是一些常规的处置准则：

（1）常见的废弃活泼金属包括金属锂、钠、钾、钙、铯、镁等。这些金属在处置时需要特别注意，因为它们容易与空气中的氧气或水发生反应，产生热量或气体，可能导致火灾或爆炸。

（2）废弃活泼金属应该单独统一存放，不可与其他垃圾一同处置。废弃活泼金属可能与其他物质发生反应，发生危险。建议将废弃活泼金属存放在干燥、通风、远离明火和高温的地方。

（3）不要大量存放废弃活泼金属，防止自燃发生，尤其夏季高温湿热的环境。废弃活泼金属容易与空气中的氧气或水发生反应，产生热量或气体，可能导致火灾或爆炸。建议小量及时处理，避免大量存放。

（4）废弃活泼金属不可接触水、酸。废弃活泼金属容易与水和酸发生反应，产生热量或气体，可能导致火灾或爆炸。建议在处置废弃活泼金属之前，将其放置在干燥的地方，避免接触到水和酸。

（5）处置时穿戴好 PPE，做好个人防护。废弃活泼金属容易与空气中的氧气或水发生反应，产生热量或气体，可能导致火灾或爆炸。建议在处置废弃活泼金属时，穿戴好防护服、防护手套、防护眼镜等 PPE，以避免受伤。

（6）在开放空间及开口容器中处理废弃活泼金属。废弃活泼金属容易与空气中的氧气或水发生反应，产生热量或气体，可能导致火灾或爆炸。建议在开放空间及开口容器中处理废弃活泼金属，以避免气体或热量积聚。

（7）遵循小量及时处理、自然氧化、温和失活的原则。废弃活泼金属容易与空气中的氧气或水发生反应，产生热量或气体，可能导致火灾或爆炸。建议遵循小量及时处理、自然氧化、温和失活的原则，以避免危险发生。

（8）失火时应用干砂、灭火毯灭火，不要用水和干粉灭火器。废弃活泼金属容易与水和干粉灭火器中的化学物质发生反应，产生热量或气体，可能导致火灾或爆炸。

除废弃活泼金属外，下列废弃物遇到火源时可能会加剧火势或引发爆炸，处置时需格外注意：

（1）碳化钙。碳化钙与水反应可生成乙炔，并放出热量。乙炔在空气中达到一定的浓度时，可发生爆炸性灾害。可以选择将碳化钙与过量的水反应生成氢氧化钙，然后将生成的氢氧化钙进行固化处理。

（2）活泼金属氢化物。如氢化钠、氢化钾、氢化钙等会与水或空气中的水蒸气迅速反应，放出氢气。这些物质遇到火源时，可能会加剧火势。可以在氮气保护下将其缓慢滴加到乙醇中进行处理。

（3）硼氢化物。硼氢化物是一类由硼和氢元素组成的化合物，具有剧毒性，它们在空气中容易自燃，遇到火源时可能会迅速燃烧或爆炸。由于硼氢化物具有剧毒性和易燃性，应谨慎处理，可以选择将其分解为其他无害物质再进行处理。

废弃的碳化钙、活泼金属氢化物和硼氢化物应按照相关规定进行处理，避免对环境和人员造成危害。如需获取更准确的信息，建议咨询化学专家或查阅相关文献资料。

7.4　实验室废液分类

实验室废液是指在实验室中产生的各种废弃液体。这些废液可能含有各种有害物质，如重金属离子、有机溶剂、酸碱无机废液等，对环境和人体健康可能造成潜在危害。对于实验室废液的处理，应该遵循科学、安全、环保的原则。以下是一些常见的实验室废液处理方法：

（1）分类收集。根据废液的性质和成分，将其分类收集。例如，有机废液和无机废液应该分类收集。

（2）稀释处理。对于浓度较高的废液，可以通过稀释的方法降低其浓度。例如，将废液稀释到一定比例后，再进行处理。

（3）化学处理。利用化学反应将废液中的有害物质转化为无害物质。例如，通过中和反应将酸碱废液中和为中性；通过氧化还原反应将有机物氧化为无害物质。

（4）物理处理。利用物理原理对废液进行分离和去除有害物质。例如，通过沉淀法去除废液中的重金属离子；通过过滤法去除废液中的固体颗粒。

根据表 7-1 实验室废液分类存放指南，实验室的废液可按照酸、碱、含卤素、含过氧化物、氢氟酸、含重金属离子、有毒和腐蚀性分类收集存放，分类前选择合适的容器（如塑料瓶、玻璃瓶）。

表 7-1 实验室废液分类存放指南

废液类型	代表物质	容器材质
酸性废液	盐酸、硫酸、硝酸	塑料瓶或玻璃瓶
碱性废液	氢氧化钠、氢氧化钾	塑料瓶或玻璃瓶
含卤素废液	氯仿、四氯化碳	塑料瓶
含过氧化物废液	过氧化氢、过氧乙酸	塑料瓶
氢氟酸废液	氢氟酸	塑料瓶
含重金属离子废液	汞、铅、镉的化合物	塑料瓶或玻璃瓶
有毒废液	有机溶剂、氰化物、硫化物	塑料瓶或玻璃瓶（有机溶剂）
腐蚀性废液	强酸、强碱、溴、碘	塑料瓶或玻璃瓶（强酸）

在选择容器时，需要考虑到废液的化学性质和容器的材质相容性。例如，氢氟酸能够与玻璃发生反应，因此应该使用塑料瓶存放。对于一些有机溶剂，玻璃瓶可能会导致溶剂的吸附和损失，因此应该使用塑料瓶存放。在存放有毒废液时，需要使用有明显标志的容器，并且按照相关法规和安全操作规程进行处理和处置。

此外，更应注意废液间的相容问题，不具相容性的废液应分开存储。实验废液相容表可扫描二维码 16 查看或下载获取，用于指导实验室废液分类和处置。

二维码 16：实验废液相容表

7.5 危险废物标签使用规范

贴危险废物标签的目的是提醒人们注意废物的危险性，并采取相应的安全措施进行处理和运输。这有助于保护环境和人类健康，同时也能帮助相关工作人员正确处理和管理危险废物。危险废物标签（图 7-2）的使用规范如下：

（1）所有包装容器、包装袋必须贴上危险废物标签，危险废物标签填写的文字字体为黑色、底色为醒目的橘黄色。

（2）危险废物标签应贴附在包装容器或包装袋的适当位置，且不被遮盖或污染，使其上的资料清晰易读。

（3）如使用旧的容器或包装袋盛装危险废物，应确保容器或包装袋上的旧标签全被去除或有效遮盖。

（4）危险废物标签填写要提供下列信息："危险废物"字样、危险废物产生单位名称、联系人、联系电话、主要化学成分或商品名称、危险类别、安全措施等。

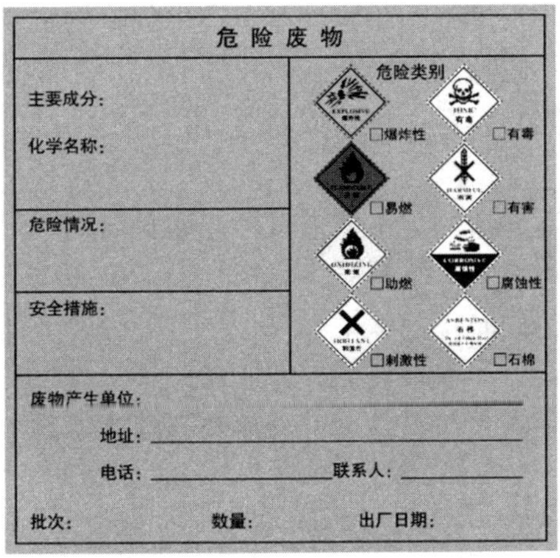

图 7-2　危险废物标签示例图

7.6　废液收集容器使用规范

为了确保实验室废液的安全收集、存放和处理，减少对环境和人员的危害，实验室废液需存放在废液收集容器中。常见的废液收集容器包括塑料桶、金属桶、玻璃瓶等。常见的塑料废液桶如图 7-3 所示。

图 7-3　常见的塑料废液桶示例图

废液收集容器使用规范如下：

（1）废弃化学品应收集在独立的、防漏的、密封的容器中。确保废弃化学品化学成分与所选容器材料兼容。这是为了防止不同化学品之间发生反应或不相容，也为了避免容器破损导致化学品泄漏和环境污染。

（2）酸性废物不应放置在金属容器中，玻璃容器不应用于承装氢氟酸或强碱废液。因为酸性废物与金属容器反应可能导致容器破损，而氢氟酸和强碱会腐蚀玻璃容器，导致容器破裂或泄漏。

（3）不要将不相容的废物存放在同一个容器中。如果怀疑混合废物会发生反应或不相容，则不应将废物混合，应单独存放在容器中。这是为了防止不同化学品之间发生反应或不相容，避免产生危险物质或爆炸。

（4）废物填装不应超过容器全部体积的 80%，在液面上方留有足够的膨胀空间。这是为了防止容器在运输或储存过程中受到挤压或震动导致化学品泄漏。

（5）避免使用不合适的盖子或密封件，如封口膜、铝箔、软木塞、塞子等；不可采取保鲜膜密封等临时措施。这是为了保证容器在运输过程中不会泄漏或溢出化学品，同时也避免了外界物质进入容器内部。

（6）废液收集容器应保持封闭，除非在填充过程中，否则不要将漏斗留在容器中。这是为了防止化学品挥发或泄漏，同时也避免了外界物质进入容器内部。

（7）按照国家标准《危险废物贮存污染控制标准》（GB18597-2001），凡是装载液体危险废物的容器下方，都必须设置防渗漏设施或装置，用以避免液态危险废物的泄漏。这是为了防止液态危险废物泄漏对土壤和水体造成污染。防渗周转箱使用方法如图 7-4 所示。

图 7-4 防渗周转箱及其使用方法示意图

（8）实验室应设置独立的危险废物暂存库或设置相对独立的危险废物暂存区，暂存区外边界应施划警示线。这是为了方便管理和处理危险废物，同时也避免了危险废物对环境和他人的危害。

（9）实验室主管和实验室管理人员有责任确保在其监督下的实验室工作的人员熟悉并遵守危险化学废物运输要求。这是为了保证实验室工作人员在处理危险化学废物时能够遵守相关规定和安全操作规程，避免对环境和他人的危害。

【案例分析 7-1】相斥性的废液混合引发火灾

案例概述：2016 年 8 月 31 日上午 11 点 32 分，江苏某大学化学化工学院实验楼西侧的化学实验废液暂存处发生了一场火灾。由于实验室废液收集人员误操作将具有相斥性的废液混合在一起，致使废液发生化学反应并产生大量热量，最终引发了火灾。幸运的是，由于事故发生时没有人员在现场，所以没有造成人员伤亡。从图 7-5 中可以看出，整个化学实验废液暂存处的设施被严重烧毁。

除了人为因素外，该起事故的发生也与废液暂存处不具备完善的消防设施有关。据调查，该暂存处并未按照相关规定配备足够的消防器材和设备，也没有进行过专业的消防演练和培训。这些因素导致了火势在短时间内迅速扩大，增加了火灾的危害。

经验教训：该起火灾事故的原因，既有人为因素，也有管理上的漏洞和不足。因此，对于高校实验室这样危险系数高的场所，应该加强管理，完善相关制度和规范，严格控制实验废液的收集、储存和处理过程。同时，要加强对实验人员的培训和教育，提高他们的安全意识和应急处理能力。此外，高校应该加强对危险品仓库、实验场所等处的消防设施的配备和维护管理，确保在紧急情况下能够及时有效地进行应急处置工作。

图 7-5　爆炸事故现场

【案例分析 7-2】废液倒入水池引起下水道漏水

案例概述：2013 年 3 月 16 日，某实验室一名实习人员在进行废弃溶剂的处理时，由于操作不当，导致大量废弃溶剂倒入水池。这一行为引发了下水道管路溶解漏水，对环境和地下水造成了污染。这次事故的主要原因是实验室管理和实习人员培训环节存在漏洞。实验室未能有效地规范废弃物的处理程序，没有对实习人员进行充分的安全培训教育。

经验教训：实验室应严格遵守环保法规，提高环保意识，加强废弃物处理的管理和监督。同时，实验室应对实习人员进行充分的安全培训，确保他们能够正确、安全地处理废弃物。

【案例分析 7-3】拆除含未知化学品的废弃实验室引发爆炸

案例概述：2013 年 4 月 30 日上午 9 点左右，南京某大学内一废弃实验室进行拆迁施工时发生了意外爆炸。这场事故导致现场施工的 4 名工人中的 2 人受重伤，2 人轻伤，其中 1 名重伤人员经过医院抢救无效死亡。图 7-6 展示了爆炸事故现场的情景。调查结果显示，发生事故的废弃化学实验室内存在一定数量的丢弃化学药品和储气罐。在拆迁过程中，工人们对储气罐进行切割操作时发生了火灾。在试图灭火的过程中，由于实验室内残留的化学药品的性质及储气罐内气体的具体名称和残留量未知，火势未能得到有效控制，反而进一步引发了爆炸。

图 7-6　爆炸事故现场

经验教训：这起事故再次强调了实验室安全管理和废弃物处理的重要性，以及在未知安全风险的情况下应采取更加谨慎和专业的措施的重要性。对于此类具有潜在危险性的废弃实验室进行拆迁或其他施工操作时，应采取以下措施来确保安全：拆迁施工前，应将废弃实验室内的化学药品、设备等危险物品进行妥善处理或储存，以降低潜在风险；确保所有工人接受必要的安全培训，了解如何处理潜在的危险品，并掌握正确的应急响应方法；在现场设置专门的安全管理人员，确保施工过程中的安全监控和应急响应。

关于课程思政的思考：

实验室废弃物处置是环境保护的重要一环，也是实验室管理中的重要环节。正确的废弃物处置不仅可以保障实验结果的准确性，还可以保护环境，减少对人体的危害。因此，各单位应该加强管理和监督，确保废弃物处置的安全性和有效性。

第8章　气体安全使用

8.1　气瓶的构造

气体钢瓶在高校的实验室中被广泛使用，是一种重要的气体储存容器。其构造通常由钢材制造。因其具有高强度和出色的耐腐蚀性，能够承受高压气体的储存和运输需求。

气体钢瓶的用途广泛，不仅可以充装如氢气、甲烷、乙炔等可燃气体，也可以储存如氧气这样的助燃气体。此外，它还能够装载一些剧毒气体，例如氨气和硫化氢。这使得气体钢瓶成为实验室中不可或缺的一部分，但同时，也带来了一些潜在的危险因素。由于气体钢瓶本身就是一种压力容器，它对高温和震动都非常敏感。如果操作不当或管理不善，很容易引发安全事故。例如，如果钢瓶在搬运过程中受到猛烈撞击，或者在高温环境下暴露过久，都可能导致钢瓶破裂或爆炸。由于气体钢瓶储存的气体种类多样，其中一些气体具有易燃、易爆、有毒有害等特性。如果在操作过程中出现失误，如气体泄漏或错误使用，就可能引发火灾、爆炸或中毒等严重事故。

因此，高校实验室在使用气体钢瓶时，必须严格遵守相关规定和安全操作规程。实验室工作人员需要接受专业培训，了解各种气体的性质和正确的使用方法。同时，实验室也应设立完善的安全管理制度，对气体钢瓶的储存、使用、搬运和处置等环节进行严格的监管。只有这样，才能最大限度地降低潜在的风险，确保实验室的安全稳定运行。

8.1.1　氧气瓶的构造

氧气瓶是一种专门用于储存和运输氧气的高压容器，其构造复杂且精密。如图8-1所示，氧气瓶主要由五部分组成，包括瓶体、防震胶圈、瓶箍、瓶阀和瓶帽。其中，瓶体是氧气瓶的主体部分，用于储存氧气。防震胶圈是为了防止在搬运过程中，由于震动、碰撞等原因造成瓶体受损。瓶箍则是用来固定瓶体和防震胶圈的，以确保氧气瓶的稳定性和安全性。瓶阀是氧气瓶的关键部件之一，用于控制氧气的进出。它的外面有一个钢瓶帽，这个钢瓶帽是瓶阀的保护装置。它可以防止气瓶在搬运过程中因碰撞而损坏瓶阀，同时也可以保护出气口螺纹不被损坏，防止灰尘、水分或油脂等杂物落入瓶内。

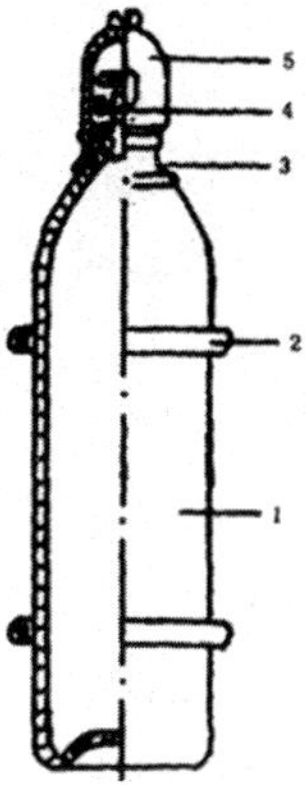

图 8-1　氧气瓶的构造

注：1 为瓶体，2 为防震胶圈，3 为瓶箍，4 为瓶阀，5 为瓶帽。

在充装、使用、搬运氧气瓶的过程中，由于各种原因，如滚动、振动、碰撞等，可能会导致瓶壁损伤，甚至发生脆性破坏。实验室中未固定的气瓶更容易被撞倒，从而造成严重伤害和损坏。此外，如果气瓶的瓶阀未加盖，压力可能会突然释放，形成灾难性的冲击力，导致人身伤害和大范围破坏。钢瓶、瓶阀或减压阀的机械故障也可能导致钢瓶中的加压气体迅速扩散到大气中，从而引发爆炸、火灾、反应失控或反应容器爆裂等严重后果。

为了确保氧气瓶的稳定性和安全性，其瓶体上套有两个橡胶防震圈。这些防震圈可以有效地吸收和分散由碰撞产生的冲击力，从而防止因碰撞导致瓶体损坏。此外，为了使氧气瓶能够平稳直立地放置，制造时会把瓶底挤压成凹弧面形状。

最后，为了区分氧气瓶和其他气瓶，其瓶体表面会被涂成天蓝色，并用黑漆标明“氧气”字样。此外，在出厂前，氧气瓶都要经过严格检验，并对瓶体进行水压试验。这个试验的压力应达到工作压力的 1.5 倍，即 15 MPa×1.5=22.5 MPa。这样可以确保氧气瓶在使用过程中能够承受高压，保障使用安全。

一般情况下，氧气瓶在使用三年后需要进行复验，以确保其安全性和可靠性。复验的内容主要包括水压试验和检查瓶壁腐蚀情况。水压试验是为了检测氧气瓶的耐压能力，以确保其在高压下不会破裂或泄漏。在试验过程中，将氧气瓶充满水，然后加压至一定压力，观察其是否有泄漏或变形等情况。如果发现有异常情况，应及时处理或更换氧气瓶。另外，还需要对氧气瓶的瓶壁腐蚀情况进行检查。由于氧气瓶在使用过程中会受到各种因素的影响，如氧气、水分、温度等，可能会导致瓶壁腐蚀。如果腐蚀严重，会影响氧气瓶的安全性和使用寿命。因此，在复验时需要仔细检查瓶壁的腐蚀情况，如有必要，应及时更换氧气瓶。

如图 8-2 所示，为了方便管理和使用，氧气瓶上通常会标注一些重要的信息，如容积、重量、出厂日期、制造厂名、工作压力等。此外，复验情况也会在钢瓶收口处的钢印中反映出来（图 8-3）。这些信息可以帮助使用者了解氧气瓶的基本情况和历史记录，从而更好地保障使用安全。目前，我国生产的氧气钢瓶主要有 30 L、40 L 和 44 L 三个规格。其中，普遍采用的容积为 40 L。当瓶内压力为 15 MPa 表压时，该瓶的氧气贮量为 6000 L，即 6 m³。

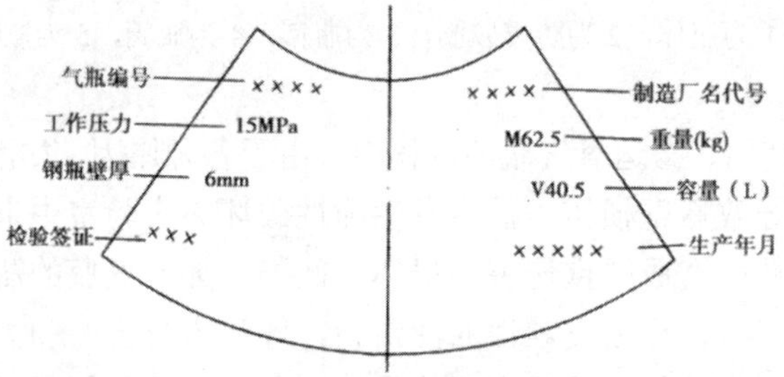

图 8-2 氧气瓶肩部标记

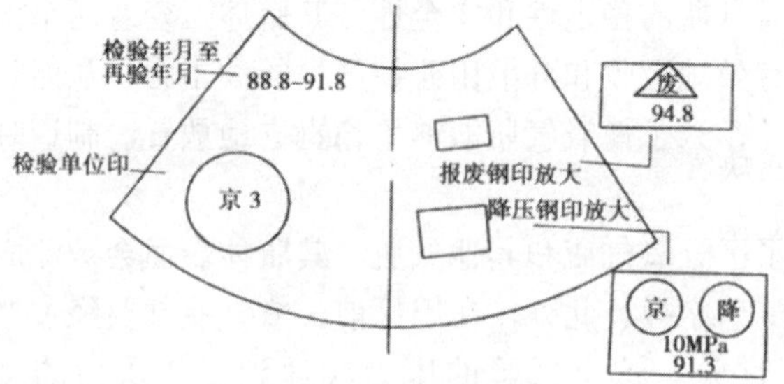

图 8-3 复验标记

8.1.2 氢气瓶的构造

氢气瓶是贮存和运输氢气的高压容器，其承装压力一般为 15 MPa。由于氢气是一种易燃、易爆、易扩散的气体，因此在贮存和运输过程中需要特别注意安全。氢气瓶的构造与氧气瓶相似，但有一些区别。首先，氢气瓶的瓶体通常涂成深绿色，并用红色油漆标明“氢气”，以便与其他气瓶区分开来。其次，氢气瓶的瓶阀出气口处的螺纹是反向的，这也是为了防止与其他气瓶混淆。

在使用氢气瓶时，需要遵守一些安全规定。例如，禁止在明火或高温下使用氢气瓶，以免引发爆炸。此外，在运输和储存过程中，应将氢气瓶放置在通风良好的地方，避免阳光直射和高温。同时，氢气瓶的周围也不应有易燃、易爆物质存在。

8.1.3　乙炔气瓶的构造

乙炔气瓶是一种专门用于贮存和运输乙炔气的压力容器。它的外形与氧气瓶相似，但略有不同。乙炔瓶比氧气瓶略短，通常只有 1.12 米，而直径略粗，一般为 250 毫米。瓶体表面涂有一层白色的漆，这是为了与其他气瓶进行区分。此外，在瓶体上还会印有红色的字样，如“乙炔气瓶”和“不可近火”，以警示人们注意安全使用。由于乙炔不能用高压直接压入瓶内贮存，因此乙炔瓶的内部构造比氧气瓶要复杂得多。乙炔瓶内部装有微孔填料，这些填料布满了整个瓶体。微孔填料中浸满了丙酮，这是因为乙炔易溶解于丙酮中。利用这一特点，可以使乙炔稳定、安全地贮存在乙炔气瓶中。乙炔瓶的具体构造如图 8-4 所示。在乙炔瓶的瓶阀下中心处连接着一个锥形的不锈钢网，内部装有石棉或毛毡。这个装置的作用是帮助乙炔从丙酮溶液中分解出来。瓶内的填料要求多孔且轻质，目前广泛应用的是硅酸钙。为了使气瓶能够平稳直立地放置，乙炔瓶的底部装有底座，而瓶阀则装有瓶帽。这些设计都是为了方便使用和安全考虑。

为了保证乙炔气瓶的安全使用，在靠近收口处装有易熔塞。一旦气瓶的温度达到 100 ℃左右，易熔塞就会熔化，使瓶内的气体外逸，从而起到泄压的作用。另外，乙炔瓶的瓶体还装有两道防震胶圈，以减少运输过程中的震动和冲击。

乙炔气瓶在出厂前需要经过严格的检验和水压试验。其设计压力为 3 MPa，而试验压力则应高出一倍。在靠近瓶口的部位，还会标注出容量、重量、制造年月、最高工作压力、试验压力等内容，以便使用者了解气瓶的详细信息。在使用期间，要求每三年进行一次技术检验。如果发现气瓶有渗漏或填料空洞的现象，应立即停止使用并报废或更换。

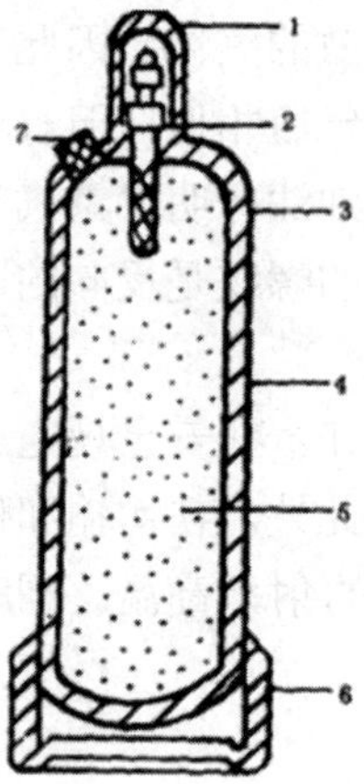

图 8-4 乙炔气瓶的构造

注：1 为瓶帽，2 为瓶阀，3 为分解网，4 为瓶体，5 为微孔填料（硅酸钙），6 为底座，7 为易熔塞。

乙炔瓶的容量为 40 L，一般能溶解 6～7 kg 的乙炔。在使用乙炔时，应注意控制排放量。如果排放过量，可能会导致丙酮一起喷出，造成危险。此外，乙炔气瓶不可侧放。如果必须侧放，气瓶必须正置 24 小时以上方可使用。这是为了确保气体能够充分溶解在丙酮中，避免发生危险。

8.1.4 液化石油气瓶的构造

液化石油气瓶是一种专门用于贮存液化石油气的压力容器。根据用量和使用方式的不同，气瓶的贮存量有多种规格，如 10 kg、15 kg 和 36 kg 等。气瓶的具体构造如图 8-5 所示。气瓶的材质通常选用 16 锰钢或优质碳素钢，以承受高压和腐蚀。气瓶的最大工作压力为 16 MPa，水压试验压力为 3 MPa。在气瓶通过试验鉴定后，会将制造厂名、编号、重量、容量、制造日期、试验日期、工作压力、试验压力等项内容铭刻在气瓶的金属铭牌上。此外，气瓶上还会标有制造厂检验部门的钢印，以确保其质量和安全。液化石油气瓶属于焊接气瓶，其外表通常涂成银灰色，并标有“液化石油气”的红色字样，以便识别。

在使用液化石油气瓶时，应注意安全操作规程。首先，要保持气瓶直立放置，避免倾斜或倒置。其次，要避免将气瓶暴露在阳光下或高温环境中，以免引发爆炸或泄漏。此外，在使用时应控制气体流量，避免产生过大的压力。如果发现气瓶有泄漏或异常现象，应立即停止使用并进行检查。

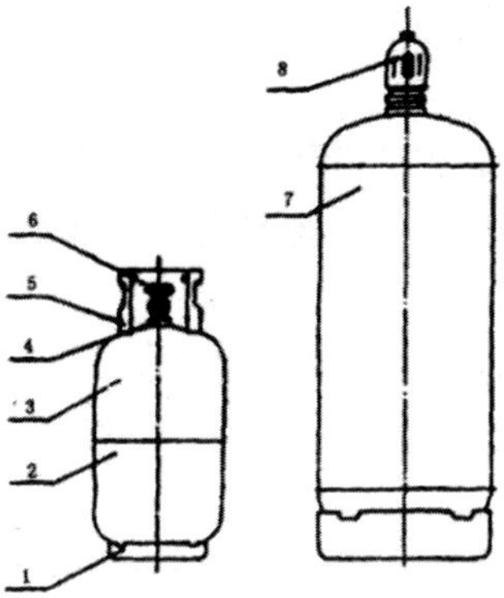

图 8-5　液化石油气瓶的构造

注：1 为底座，2 为下封头，3 为上封头，4 为瓶阀座，5 为护罩，6 为瓶阀，7 为筒体，8 为瓶帽。

8.2　气瓶的分类

依据《气瓶安全技术监察规程》（TSG R0006-2014）的分类，气瓶主要包括以下几类：

（1）压缩气体气瓶。这类气瓶用于储存临界温度（Tc）低于或者等于-50 ℃的气体，或者在-50 ℃时加压后完全是气态的气体。它们也被称为永久气体气瓶。

（2）高（低）压液化气体气瓶。这类气瓶用于储存临界温度（Tc）在-50 ℃~65 ℃之间的高压液化气体，或者临界温度（Tc）高于 65 ℃的低压液化气体。在温度高于-50 ℃时，这些气体在加压后会变成液态。

（3）低温液化气体气瓶。这类气瓶用于储存临界温度（Tc）通常不超过-50 ℃的低温液化气体。这些气体在运输过程中由于极低温度而部分保持液态，因此也被称为深冷液化气体或者冷冻液化气体。

（4）溶解气体气瓶。这类气瓶用于储存那些在压力下能够溶解于溶剂中的气体。

（5）吸附气体气瓶。这类气瓶用于储存那些在压力下能够被吸附剂吸附的气体。

根据气体的性质，气瓶可以分为以下几类：

（1）剧毒气体气瓶。这类气瓶用于储存剧毒气体，如氟气、氯气、氨气、硫化氢等。这些气体具有极高的毒性，接触后会对人体造成严重伤害，甚至导致死亡。

（2）易燃气体气瓶。这类气瓶用于储存易燃气体，如氢气、一氧化碳、甲烷、乙炔等。这些气体在空气中容易燃烧或爆炸，使用时必须远离火源和高温。

（3）助燃气体气瓶。这类气瓶用于储存助燃气体，如氧气、氧化亚氮等。这些气体能够支持燃烧，与易燃气体混合后极易引发爆炸，因此必须谨慎使用。

（4）不燃气体气瓶。这类气瓶用于储存不燃气体，如氮气、二氧化碳等。这些气体在一般情况下不会燃烧或爆炸，但在高浓度下可能会引起窒息，使用时也需要注意安全。

（5）惰性气体气瓶。这类气瓶用于储存惰性气体，如氩气、氦气等。这些气体在一般情况下不与其他物质发生化学反应，因此常用作保护气和填充气。

实验室在采购气体钢瓶前，必须对供气或供气瓶的企业进行五证检查。这五证包括：营业执照、特种设备制造许可证、特种设备设计许可证、危险化学品经营许可证及气瓶充装许可证。确保供气企业拥有这五证是保障气体质量和使用安全的重要前提。如果没有上述五证，应该禁止从该企业购买任何气瓶。

气瓶的颜色标志应遵守国家标准《气瓶颜色标志》（GB7144-1999）。在进行气瓶的验收工作时，必须仔细核对标志、颜色及字体，以防止错误连接和错误使用。实验室应指定专人进行气体的购买，并做好相关的标志和记录工作。至于气瓶喷涂规范，可以参照表 8-1。表中详细列出了不同类型气瓶的颜色、字样以及喷涂规范。这些规定都是为了便于识别和管理不同类型的气瓶，以保障使用安全。

为了降低实验室的危险因素，需要从源头开始消除一切可能的危险。这包括正确选择供气企业、规范气体钢瓶的管理和使用，以及严格遵守相关的安全操作规程。

表 8-1　气瓶喷涂规范

气瓶名称	涂漆颜色	字样	字样颜色
氧气瓶	天蓝	氧	黑
乙炔气瓶	白	乙炔	红
液化气瓶	银灰	液化石油气	红
丙烷气瓶	褐	液化丙烷	白
氢气瓶	深绿	氢	红
氩气瓶	灰	氩	绿
粗氩气瓶	黑	粗氩	白
纯氩气瓶	灰	纯氩	绿
二氧化碳气瓶	铝白	液化二氧化碳	黑
氮气瓶	黑	氮	黄
氦气瓶	棕	氦	白
氨气瓶	黄	氨	黑
氯气瓶	草绿	氯	白
压缩空气瓶	黑	压缩空气	白
硫化氢	白	硫化氢	红
二氧化硫	白	二氧化硫	白

8.3　气瓶的存储

8.3.1　气瓶存储通则

建立气瓶存储通则是为了确保气瓶的安全可靠和使用安全。气瓶存储通则包括以下几个方面：

（1）不得擅自更改气瓶的钢印和颜色标记，气瓶使用前应进行安全状况检查，对盛装气体进行确认，损坏或泄漏的钢瓶必须立即与供应商联系进行更换。

（2）应将气瓶按照接收的顺序储存，以便按接收顺序使用。

（3）应将气瓶始终存放在通风良好的区域，但不应存放在出口或疏散路径。

（4）将满气瓶与空气瓶分开存放，并正确贴上“满/使用中/空”的标签。

（5）储存气瓶时将具有相同危险等级的气体储存在同一区域。惰性气体与所有其他气体兼容，可以一起储存。

（6）不要将气瓶存放在潮湿的环境中，避免接触盐、强腐蚀性、强还原性和强氧化性的化学品，远离烟雾和火源，不宜暴露在高温和室外环境下。

（7）气瓶附近不能有还原性有机物，如油污的棉纱、棉布等，不要用塑料布、油毡等遮盖，以免爆炸。

（8）所有气瓶远离易燃、可燃或不相容的物质至少 8 米远，不能将互相接触后可能引起燃烧、爆炸的气瓶（如氢气瓶和氧气瓶）同存一处，也不能与其他易燃易爆物化学品混合存放。

（9）将气瓶远离电路线路位置（例如电源板或电线），距离火源至少 10 米远。

（10）严禁在气瓶上进行电焊引弧。

（11）所有气瓶一定要保持直立，用链条或皮带将气瓶固定，固定部位应在中上部但低于气瓶肩部的位置。

（12）气瓶在不使用时必须盖上瓶帽，以免碰坏气阀和防止油质尘埃侵入气门口。

（13）不使用的气瓶的存放时间不得超过一年。

（14）存放气瓶的实验室必须安装通风设备，并且气瓶必须固定在气瓶柜内或气瓶固定架上；易燃气体气瓶附近，须配有合适的灭火器；有毒气体气瓶附近，须配备防毒面具。应存放在持续通风并配备报警器气瓶柜的气瓶包括：甲烷、一氧化碳、丙烷、丙烯、丁烷、丁烯、乙炔、氢气、氯气、六氟化硫等。

（15）严禁敲击、碰撞气瓶，特别是乙炔瓶不应遭受剧烈振动或撞击，以免填料下沉形成净空间影响乙炔的储存。

（16）不得用超过 40 ℃的热源对气瓶加热，如乙炔瓶瓶温过高会导致丙酮对乙炔的溶解度降低，而使瓶内乙炔压力急剧增高，造成危险。

（17）乙炔瓶使用和存放时，应保持直立，不能横躺卧放，以防丙酮流出，引起燃烧爆炸，一旦要使用已卧放的乙炔气瓶，必须先直立 24 小时后，再连接减压阀使用。

（18）氧气瓶阀不得沾有油脂，焊工不得用沾有油脂的工具、手套或油污工作服去接触氧气瓶阀、减压器等。冬季使用时，如瓶阀或减压器有冻结现象，可用热水或水蒸气解冻，严禁用火烤或铁器撞击。氧气瓶着火时，应迅速关闭瓶阀，停止供氧。

（19）瓶内气体不得用尽，必须留有剩余压力（永久气体气瓶的剩余压力应不小于 0.05 MPa；液化气气瓶应留有不少于 0.5 %～1.0 %规定充装量的剩余气体）并关紧瓶阀，防止漏气，使气压保持正压，以便充气时检查，还可以防止其他气体倒流入瓶内，发生事故。

（20）在可能造成回流的使用场合，使用设备必须配置防止倒灌的装置，如单向阀、止回阀、缓冲罐等。

8.3.2 气瓶的运输

气瓶的运输需要遵循以下规范：

（1）压缩气瓶必须由有经验的专业人士进行处置。

（2）装运各类气瓶时，严禁混装，应按危险化学品的分类储存原则考虑配装。如液氯与液氨不能在同一车内装运，压缩气体与液化气体均不得与爆炸品、氧化剂、自燃物品、易燃物品共同装运，各种气瓶也不能混合装运。

（3）搬运前，将连接气瓶的一切配件如装运配件、减压阀、橡皮管等卸去。在搬动存放气瓶时，应装上防震胶圈，旋紧瓶帽，以保护瓶阀，防止其意外转动和碰撞。

（4）搬运充装有气体的气瓶时，应使用专用的气瓶固定架或小推车，绝不允许手抓瓶阀移动。

（5）在运输过程中，不要搬运、滚动、滑动、压缩气体钢瓶或在地板上拖动钢瓶，搬运钢瓶时要戴上瓶帽、防震胶圈，要轻拿轻放，避免撞击和倾倒。气瓶运输的不合规行为如图 8-6 所示。

（6）将气瓶放置在免受撞击或物体坠落、腐蚀和损坏的地方。

（7）除气体供应商外，任何人不得尝试在钢瓶中混合气体。

（8）不要同时运输氧气和可燃气体，以避免发生燃烧或爆炸事故。

（9）未经供应商批准，气瓶不得处于人为的低温环境中。

图 8-6 压缩气瓶运输不合规行为示例图

8.3.3 气瓶标记

以下是气瓶标记的几点注意事项：

（1）清楚知道每个气瓶的气体种类。每个气瓶都应该有明显的标记，表明瓶内所装气体的种类。可以通过标签、颜色标记或字母数字编码等方式实现。在使用气瓶前，务必确认气体种类，以免使用错误的气体导致危险。

（2）仅使用供应商为气瓶提供的正确标签。不同供应商可能会使用不同颜色的标签和格式，因此必须使用供应商为气瓶提供的正确标签。不要随意更换或覆盖标签，以免导致混淆和错误使用。

（3）应清楚地标明混合气体的成分名称。如果气瓶内装有混合气体，应清楚地标明瓶内各种气体的成分名称和浓度。这有助于使用者了解气体的性质和危险程度，采取适当的预防措施。

（4）空的气瓶应标有“空”字样。一旦气瓶内的气体被用完，应立即在瓶上标记“空”字样，以避免其他人误用或充装气体时发生错误。标记应明显可见，最好使用红色或其他鲜艳的颜色以引起注意。常见的气瓶状态标签如图 8-7 所示。

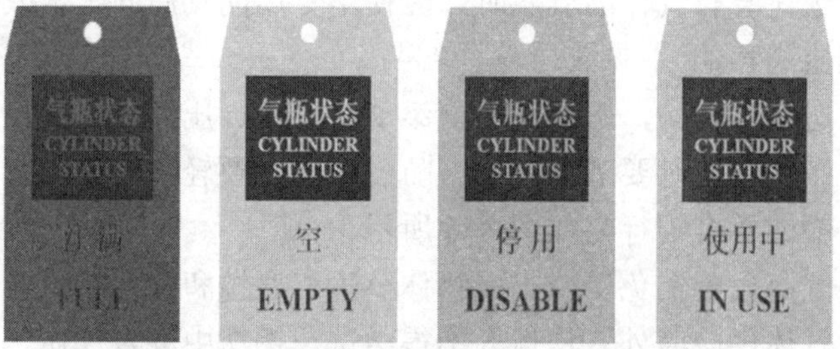

图 8-7 常见的气瓶状态标签示例图

8.4 气路系统常见阀门

8.4.1 减压阀

气体钢瓶减压阀（减压表）是一种用于瓶装气体的减压装置，它能够将高压气体减压为低压气体，并控制输出压力的稳定。减压阀通常由高压表、低压表、压力调节旋钮（螺杆）和安全阀等部件组成。

如图 8-8 所示，高压表的示值为钢瓶内贮存气体的压力。使用时，先打开钢瓶的瓶阀，然后顺时针转动低压表压力调节旋钮（螺杆），这样进入的高压气体由高压室经节流减压后进入低压室，并经出口通往工作系统。在使用过程中，如果需要调整输出压力，可以通过转动压力调节螺杆，改变活门开启的高度，从而调节高压气体的通过量并达到所需的压力值(低压表的示值)。减压阀都装有安全阀，它是保护减压阀并使之安全使用的装置，也是减压阀出现故障的信号装置。如果由于活门垫、活门损坏或其他原因，导致出口压力自行上升并超过一定许可值时，安全阀会自动打开排气，从而避免减压阀和连接系统受到损坏。

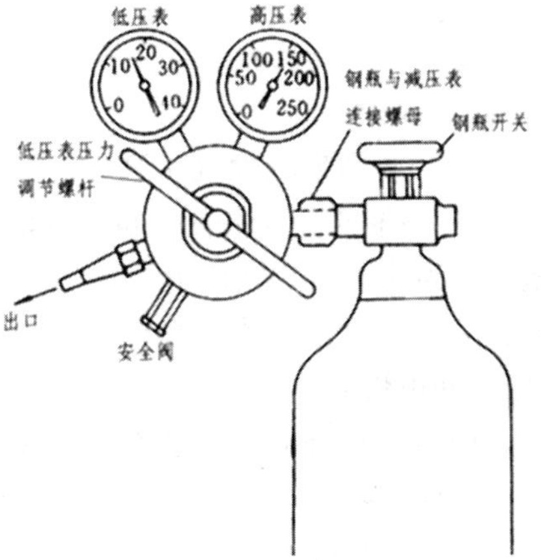

图 8-8　减压阀示意图

在安装和使用减压阀时，应严格按照示意图和使用说明进行操作，确保减压阀的安全和正常工作。同时，应定期对减压阀进行检查和维护，及时发现和处理潜在的安全隐患。

使用减压阀时需要注意以下事项：

（1）确认钢瓶被固定。

（2）安装气瓶减压阀时应确定其连接规格与钢瓶和使用系统的接头相一致。

（3）仅将特定减压阀用于其配适的气体。使用转接器或自制连接器会造成严重甚至致命的事故。

（4）确保减压阀压力调节旋钮（螺杆）在连接到气瓶之前处于关闭状态。

（5）当使用多个气体时，每个气瓶一定要安装气流单向阀（只能一个方向流动而不能反向流动的控制阀），以防止气体回流，否则意外混合可能会造成气瓶的污染。

（6）当系统停止工作时，关上气瓶的阀门。

（7）短期不使用气体时，应将减压阀中余气放净，然后拧松调节螺杆以免弹性元件长久受压变形。

（8）截止阀（起着切断和节流的重要作用）不应安装在压力释放装置和需要保护的设备之间。

（9）在下游管线上使用减压阀，以防止在调节旋螺杆不能正常工作且储罐阀门未关闭的情况下形成高压。

（10）安全阀应处于通风环境，以防止爆炸性或有毒气体的潜在积聚。

（11）切勿让火焰或热源与气瓶接触。

（12）切勿让气瓶成为电路的一部分。

（13）永远不要部分打开瓶阀来清除气瓶进口的灰尘或杂物，在清除气瓶进口的灰尘或杂物时，应将瓶阀完全关闭后再进行清理。

（14）不要把钢瓶气体当作压缩空气使用。

（15）钢瓶瓶阀打开时，应缓慢操作，操作人员应避开瓶口方向，站在侧面，防止瓶阀或减压阀冲出伤人。

（16）如果钢瓶需要用扳手打开瓶阀，那么当瓶阀打开时，扳手应该留在瓶阀上。使用适当大小的扳手，当试图打开瓶阀时，不要用力过大。瓶阀“卡住”的钢瓶应退回供应商进行修理。

（17）不要试图打开一个腐蚀的瓶阀，因为可能无法重新关闭再使用。

（18）瓶阀应该只打开到气体能够以必要的压力流入系统的程度即可，万一发生故障或紧急情况时能更快地关闭。

（19）使用瓶帽挂钩松开紧闭的瓶帽，不要用力过猛或撬开瓶帽，当瓶帽无法打开时，将钢瓶退回供应商取下。

（20）保持管道、稳流器和其他装置的气密性以防止气体泄漏。

（21）使用泄漏测试溶液（例如肥皂水）或气体检漏仪（图 8-9）检测气密性。

（22）在连接系统前或维修之前，先将系统的压力释放。

（23）气罐和稳流器之间不要使用转换器或配件。

（24）荧光灯可用于检查在减压阀和瓶阀中是否有油脂或润滑剂。

（25）实验完成后，先关闭瓶阀，然后让气体从减压阀流过。当两个仪表读取“零”时，拆下减压阀并盖上瓶帽。

（26）不要让气瓶完全排空。留出至少 0.05 MPa 表压以上的残余气体，以避免气体反流污染钢瓶。

（27）当钢瓶为空时，将其标记为“空”，并将空瓶与满瓶分开存放。

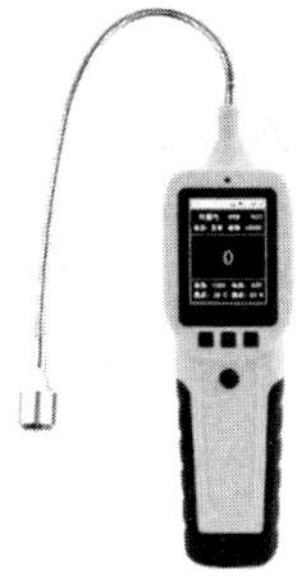

图 8-9　气体检漏仪示例图

【案例分析 8-1】国外一研究员实验中遇爆炸惨失右臂

案例概述：2016 年 03 月 16 日，夏威夷大学能源研究所的博士后西娅在研究利用合成气体制成液体燃料，她使用氢气、氧气、一氧化碳混合气培养细胞时发生爆炸。爆炸原因是使用了非防爆的减压阀，导致电流产生爆炸。事故导致西娅右手臂从肘部上方被切断、面部烧伤、角膜擦伤、耳神经损伤，并患上高频性耳聋。

经验教训：在环境中有爆炸性混合物的危险场所里，应确保使用的减压阀是符合安全标准的，并且是防爆减压阀。

8.4.2　其他常见阀门

气路中常用的阀门有多种类型，包括安全阀、球阀、截止阀、单向阀和调节阀等，这些阀门的主要功能包括调节流体流量、压力和流向，或者用于关闭管道、隔断介质流动等。球阀、截止阀、单向阀如图 8-10 所示。

以下是气路中常用的一些阀门的使用场景：

（1）球阀。球阀是一种采用球体作为截流部件的旋转型阀门。球阀特点是结构简单，操作灵活，密封性能好，应用广泛。它可被广泛应用于气路系统的流量控制、开关控制等场合。

（2）截止阀。截止阀是一种可以控制气路开关的阀门。当需要切断气路流通时，可以通过旋转手柄、齿轮、电动装置等驱动器来控制阀门的开关，将气路截止，保证气路系统的安全性和稳定性。

（3）单向阀。又称止回阀，这种阀门在气动系统中防止压缩空气逆向流动。单向阀的应用非常广泛，例如在不允许气流反向流动的情况下，如空压机向气罐充气时，可以在空压机与气罐之间设置一个单向阀。当空压机停止工作时，它可以防止气罐中的气体回流。

（4）调节阀。调节阀是一种可以控制气路流量和压力的阀门。调节阀可根据实际需要灵活调节流量和压力大小，使气路系统内的气体在特定的流量和压力下稳定工作。

不同的阀门结构对应着不同的气路应用场景，合理选择适合自己气路系统的阀门，可以提高气路系统的安全性和可靠性。

球阀　　截止阀　　单向阀

图 8-10　球阀、截止阀和单向阀

气路中使用阀门的注意事项如下：

（1）在将装有压缩气体容器连接到集管及减压阀等相关设备时，必须根据设备所需的温度、压力和流量进行适当的设计。这样可以确保气体输送的安全性和稳定性，避免因设计不当导致泄漏或其他安全问题。

（2）在任何压缩气体的气路系统中，都应该使用检验合格的阀门、减压阀、歧管和管道。减压阀上的压力表必须与所使用的气瓶的压力相符，以确保减压阀的正常工作。此外，为了防止不兼容气体的混合，每一类气体配件的螺纹、结构和阀门出口都应该是不同的。这样可以避免气体泄漏和混合导致的危险。

（3）阀门应该进行定期维护和修理。每次使用前都应该进行目测，以检查任何损坏、裂缝、腐蚀或其他缺陷。根据所使用的气体种类、时间和条件，定期维护或更换阀门。如果需要了解所用阀门的维护时间表，可以咨询气体钢瓶、阀门供应商。

（4）了解阀门的维护史是非常重要的。即使通过目测检查的阀门仍然容易发生故障，因此有毒气体只能在通风的环境中使用。此外，下游安全阀或泄压阀等处必须设置局部排气通风设备，以防止气体泄漏和积聚导致的危险。

（5）阀门只能由有资质的人员进行维修。如果需要咨询任何维修需求，可以联系阀门制造商、气体供应公司或专卖店。这样可以确保阀门的维修质量和安全性能。

8.5 危险气体使用准则

8.5.1 腐蚀性气体

腐蚀性气体是一种对金属、非金属和有机材料具有强烈腐蚀作用的气体，如氯、氯化氢、氟、氟化氢、硫化氢、一氧化碳和二氧化碳等。

在使用腐蚀性气体时，需要注意以下几点：

（1）存储装置长时间与水分接触可能会导致腐蚀和损坏。水分能够与存储装置的金属部分发生化学反应，导致金属被氧化或腐蚀。此外，水分还可以引起电化学反应，进一步加速腐蚀过程。因此，应该确保存储装置干燥，避免与潮湿和水分接触。

（2）当金属暴露在腐蚀性气体中时，其表面可能会受到腐蚀，导致金属变薄、变脆。在持续的压力或振动下，这些受损的金属部件可能会破裂或泄漏。为此，定期检查设备、管道和连接处是至关重要的，特别是在储存腐蚀性气体时。对于发现的任何微小裂纹或损伤，都应及时修复或更换。

（3）隔膜式压力表因其特殊的结构设计和材质，能够抵抗腐蚀性气体的腐蚀。相比之下，普通的钢或铜制压力表可能会被这些气体腐蚀。在选择压力表时，应与气体供应商或制造商进行咨询，了解哪种类型的压力表最适合特定的腐蚀性气体环境。

（4）在引入腐蚀性气体之前，使用干燥空气或氮气冲洗系统可以帮助去除其中的水分和其他杂质，这可以减少腐蚀性气体对设备和系统的腐蚀。稳流器在处理过程中是必要的，但在使用腐蚀性气体之前，应确保稳流器已被移除。否则，稳流器内的任何水分或其他杂质都可能对系统造成损害。

（5）由于腐蚀性气体的性质，推荐的气瓶存储时间为 6 个月，最多一年。这样做不仅可以减少潜在的腐蚀问题，还有助于确保气瓶始终保持其设计的使用期限。为避免浪费和潜在的安全隐患，只订购实验所需的最小尺寸的钢瓶。这不仅节省了存储空间，还有助于确保气瓶在使用前保持最佳状态。

总之，在使用腐蚀性气体时，应始终穿戴适当的 PPE，如防护眼镜、防护服和防护手套。此外，应在通风良好的区域进行操作，以减少潜在的健康风险。对于使用腐蚀性气体的实验或工业环境，应定期进行安全检查和评估，以确保所有设备和系统都符合安全标准。

8.5.2 低温液体和气体

低温液体是一种在极低温度下存在的物质，如液氧、液氢、液氦和液态氖等。由于其极度低温，这些液体及其蒸发的蒸汽会迅速冻结人体组织，导致许多材料脆化，这些脆化材料在压力下可能会破裂或断裂。当低温液体接触温暖的物体时会发生沸腾并飞溅，产生大量气体，可能造成周围环境缺氧。常见低温气体的沸点和气化倍率详见表 8-2。

表 8-2 低温气体的沸点和气化倍率

气体	氮气	氧气	氩气	氢气	氦气
沸点（℃）	−196	−183	−186	−253	−268
气化倍率	696	860	696	850	745

在操作低温液体时，必须采取一系列安全措施：

（1）操作区域的通风。当处理低温液体时，可能会导致局部区域的氧气浓度降低，从而增加缺氧的风险。选择通风良好的区域进行操作，可以确保有足够的氧气供应，并有助于迅速排出可能产生的有害气体。

（2）避免在通风不良的区域操作。冷藏室和其他没有良好通风的区域都不适合存储或操作低温液体。在这些地方操作可能会增加缺氧和有害气体积聚的风险。如果必须在这些区域操作，应考虑安装强制通风设备或使用便携式氧气监测和警报设备。

（3）安装监测和警报设备。在密闭或通风不良的区域操作低温液体之前，安装氧气监测器、缺氧警报器或有毒气体监测器是必要的。这些设备可以实时监测空气中的氧气含量和有害气体浓度，一旦达到危险水平，会立即发出警报。

（4）个人防护装备。操作低温液体时，应穿戴适当的 PPE，如防护眼镜、防护服和防护手套。这些装备不仅可以保护眼睛和皮肤，还能减少对液体的直接接触，降低低温伤害的风险。

（5）减少皮肤接触。在操作过程中，应尽量减少皮肤与低温液体的直接接触，并确保工作区域的光线充足，以便及时发现可能的冻伤迹象。

（6）培训与安全意识。对操作人员进行专门的培训，确保他们了解低温液体的性质、潜在风险及正确的操作程序。定期进行安全演练和评估也是提高操作人员安全意识的有效方法。

（7）紧急处理措施。在操作现场应制定紧急处理措施并配备急救箱，以应对可能的意外和伤害。此外，还应定期对相关设备和系统进行安全检查和维护，确保其处于良好的工作状态。

使用及处理低温液体的方法如下：

（1）转移低温液体时使用合适的 PPE，包括隔热手套、护目镜和面罩等，以保护眼睛、皮肤和呼吸道（图 8-11）。

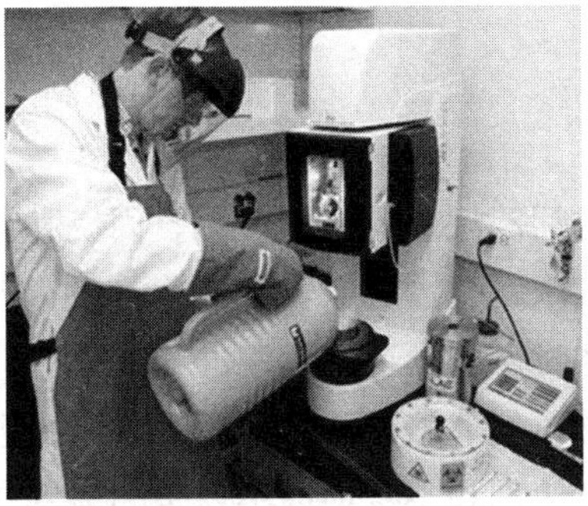

图 8-11　转移低温液体操作示例图

（2）为了防止液体喷溅进入手套中，衬衫袖子应该放下来，在手套外面扣好袖口的扣子，或者穿上实验服，不应该穿短裤。

（3）如果皮肤接触到低温液体，请不要摩擦皮肤，而是将身体受影响部位放在温水（不是热水）下冲洗。切勿将低温受伤部位加热烘干治疗。

（4）如果衣服被低温液体浸湿，应尽快将其脱去，并按上述方法用水冲洗受影响的区域。如果衣服已经冻结在皮肤上，应该将冷水倒在该区域上。若衣服无法脱去，不要试图脱掉衣服。

（5）不要独自一人填充和运输低温液体。切勿使用乘客电梯运输低温液体。

（6）罐装低温液体时，必须有专人照看，以防意外发生。

（7）仅使用与低温液体压力和温度匹配的设备、阀门和容器，以确保安全。

（8）不要在冷藏室等通风不良的空间中使用或储存低温液体，以防止缺氧和有害气体积聚。

（9）使用如杜瓦瓶等低温容器在开放空间进行转移时，必须缓慢进行以减少低温液体的沸腾和飞溅。

（10）所有低温系统，包括管道必须配备减压装置，以防止过多的压力积聚。压力释放必须朝向安全的地方。

（11）液氮杜瓦瓶的瓶盖设计可允许定期排气，这可以防止容器内压力过大，还有助于保持液氮的质量和数量。注意：永远不要给液氮杜瓦瓶加封闭的瓶盖。

（12）请勿改动减压阀或其他阀门的设置，以确保设备和系统的安全稳定运行。

8.5.3 易燃气体

常见的易燃气体包括乙炔、氢气、甲烷、丙烷和异丁烷等。这些气体在与空气混合达到一定的浓度范围时（表 8-3），遇到火源就会发生爆炸。在使用和处理这些易燃气体时，必须遵守以下准则：

（1）除受保护的燃料气体外，不得在火源附近使用易燃气体。火源包括明火、火花、热源、氧化剂和不接地或不安全的电器或电子设备。在使用易燃气体时，必须远离这些火源，以防发生爆炸或火灾。

（2）液化气体的蒸汽通常比空气重，可能沿地面传播到火源，导致回火。因此，在使用液化气体时，必须注意通风和排气，避免气体积聚和浓度过高。

（3）应配备便携式灭火器以应对火灾紧急情况。灭火器必须与所使用的设备和材料兼容，以便在发生火灾时能够及时有效地灭火。

（4）不得用火焰检测泄漏。应使用兼容方法检测泄漏，如使用肥皂水等。在检查易燃压缩气体钢瓶或系统时，应使用防火花工具，避免产生火花引发爆炸或火灾。

（5）在使用或储存易燃气体区域的通道门上应张贴“禁止明火”标志，以提醒人们注意防火和避免火源。

（6）多通管路系统的设计和建造应由熟悉可燃气体管道且有资质的人员完成，以确保系统的安全和稳定运行。

（7）切勿将装有乙炔的钢瓶侧放。乙炔是一种极易燃烧和爆炸的气体，如果存储和使用方法不正确，将会造成严重的危害。

表 8-3　可燃气体、蒸汽与空气混合时的爆炸极限（体积浓度）

物品名称	爆炸下限（%）	爆炸上限（%）
氢气	4.0	75.6
甲烷	5.0	15.0
乙炔	2.5	80.0
丙烷	2.1	9.5
乙烯	2.7	36
乙烷	2.5	80
一氧化碳	12.5	74

注：以上数据仅供参考，具体数值可能会因温度、压力、气体纯度等因素而有所不同，在实际应用中，请查阅相关安全资料或咨询专业人员以获取准确数据。

【案例分析 8-2】氢氧混合爆鸣性气体致爆炸

案例概述：1993 年 2 月 1 日，扬州市制药厂的一只氢气瓶在生产线上发生粉碎性爆炸。爆炸导致现场操作者死亡，气瓶碎片击坏了 4 只气瓶，直接经济损失达 200 多万元。经过鉴定，爆炸原因是用充装了氧气的氢气瓶去充装氢气，导致氢气氧气混合形成爆鸣性气体（氢气中含氧达 17.1 %），并发生化学性爆炸。

经验教训：按体积百分数计算，含氢量在 4.5 %～95 %的氢气和纯氧的混合气，及含氢量在 4 %～74.2 %的氢气和空气的混合气在不遇明火时不会发生爆炸，但遇火（或催化剂如铂石棉）则发生强烈爆鸣；使用氢气时，要保证氢气的纯度，严防漏气，严禁明火，远离热源，不要落进有催化性能的金属粉末；在充装气体时，必须严格执行操作规程和安全规定，确保气体纯度和正确的充装顺序；操作人员应接受必要的培训和认证，了解充装过程中可能存在的风险和正确的应对措施。

8.5.4　燃料气体和氧化性气体

燃料气体通常使用易燃气体和氧化性气体的组合，这是为了在燃烧过程中实现高效、稳定的能量释放。

易燃气体，如天然气、丙烷或液化石油气，是主要的燃料来源，它们在燃烧时会释放出大量的热能。这些气体与氧化性气体（通常是氧气或空气）混合，在适当的比例下进行燃烧，以产生所需的热量和推进力。氧化性气体在燃烧过程中起到了关键的作用。它与易燃气体结合，为其提供所需的氧气来进行完全燃烧。这样能够确保燃料得到高效利用，释放出最大的能量，同时减少未完全燃烧的物质（如一氧化碳）的产生。

其他的氧化性气体还包括氯气、氟和一氧化二氮。注意：在使用氧气的任何仪器设备上不要使用油脂。氧气的压力表附近要贴上警示标志，如“氧气使用请勿使用油脂”。

8.5.5 有毒和剧毒气体

常见的 6 种有毒有害气体包括：氨气、氯气、二氧化氮、二氧化硫、一氧化碳及硫化氢。

使用这些有毒有害气体的潜在危害如下：

（1）硫化氢，神经毒剂，强烈刺激黏膜。

（2）二氧化硫，刺激呼吸道。

（3）氨气，刺激眼和上呼吸道。

（4）一氧化碳，会导致碳氧血红蛋白血症。

（5）氯气，刺激上呼吸道和眼。

（6）二氧化氮，刺激呼吸道。

以下是使用有毒有害气体时的注意事项：

（1）了解所使用气体的毒性和危害。在使用有毒有害气体之前，应该了解该气体的毒性和危害，包括急性和慢性影响，以及职业接触限值等信息。

（2）储存和使用。如图 8-12 所示，除非特殊情况，所有有毒和剧毒气体必须储存在连续机械通风的专门用于有毒气体储存的气瓶柜中，并安装有声警报器。在使用这些气体时，应该遵守相关的安全规范和操作规程，确保气瓶柜的通风和警报系统正常运作。

（3）安全措施。在使用有毒有害气体的过程或程序中，应该制定 SOP，包括应急响应行动。所有可能接触的人员都应接受相关内容的培训，并知道如何正确使用气体和处理紧急情况。

（4）个人防护装备。在使用有毒有害气体时，应该配备合适的 PPE，如防护手套、护目镜、面罩和呼吸器等，以保护眼睛、皮肤、呼吸道和肺部。

（5）泄漏处理。如果发现气体泄漏，应该立即采取应急措施，如关闭气源、疏散人员、报警等，以确保人员的安全和减少损失。

（6）维护和检查。应该定期维护和检查气瓶柜与气体管道，确保其安全和可靠。任何损坏或故障都应该立即维修。

图 8-12　装有报警器的连续机械通风的气体柜示例图

8.6 压缩气体使用应急程序

8.6.1 压缩气体相关安全事故分析

压缩气体相关安全事故可以根据不同的原因和后果进行归类，以下是一些常见的压缩气体使用安全事故类型：

（1）气瓶的材质、结构或制造工艺不符合安全要求，如材料冲击值低、瓶体严重腐蚀、瓶壁厚薄不匀等，这些都可能导致气瓶在使用过程中发生破裂或爆炸。

（2）由于保管和使用不善，受日光曝晒、明火、热辐射等作用，使瓶温过高，压力剧增，超过瓶体材料强度极限，从而导致气瓶发生爆炸。

（3）在搬运装卸过程中，如果气瓶从高处坠落、倾倒或滚动等，发生剧烈碰撞冲击，可能会导致气瓶破裂或爆炸。

（4）放气速度太快，气体迅速流经阀门时产生静电火花，可能会引起气体燃烧或爆炸。

（5）氧气瓶上沾有油脂，高压气流与瓶口摩擦产生的热量能加速油脂的氧化，可能会引起燃烧或爆炸。

（6）可燃气瓶（如乙炔、氢气、石油气瓶）发生漏气，如果处理不当，可能会引起燃烧或爆炸。

（7）乙炔瓶内多孔物质下沉，产生净空间，使乙炔瓶处于高压状态，可能会导致气瓶破裂或爆炸。

（8）乙炔瓶处于卧放状态或大量使用乙炔时出现丙酮随同流出，可能会引起燃烧或爆炸。

（9）液化石油气瓶充灌过满，受热时瓶内压力过高，可能会导致气瓶破裂或爆炸。

为了防止这些安全事故的发生，使用压缩气体时必须采取一系列安全措施。这包括使用适当的安全设备、遵循操作规程、定期检查和维护设备，以及提供适当的安全培训等。此外，了解压缩气体的性质和潜在风险，以及如何应对紧急情况也是至关重要的。

8.6.2　应急程序

使用压缩气体时应遵循的应急程序的执行质量将直接关系到事故的发生及对人员和财产造成的损失程度。

以下是使用压缩气体进行实验时制定应急程序应该考虑的因素：

（1）操作的类型。实验设计和使用的设备等应该与所要进行的实验操作相适应，以确保实验的安全和可靠。

（2）泄漏的可能区域。应该考虑到气体泄漏的可能区域，包括室内和室外、实验室、走廊或存储区、桌子上、通风罩内或地板上等。针对不同区域，应该采取不同的应急措施。

（3）可能释放的气体的数量和容器类型。应该了解所使用的压缩气体的数量和容器类型，如压缩气罐尺寸、歧管系统等。在应急预案中应该考虑到不同数量和容器类型的气体泄漏所带来的不同影响。

（4）压缩气体的化学和物理特性。应该了解所使用的压缩气体的化学和物理特性，如物理状态、蒸汽压和与空气或水的反应性等。这些特性将直接影响应急预案的制定和实施。

（5）压缩气体的危险特性。应该了解所使用的压缩气体的危险特性，如毒性、腐蚀性和易燃性等。在应急预案中应该针对这些特性采取相应的应急措施。

（6）应急物资和设备的供应情况和位置。应该了解应急物资和设备的供应情况和位置，以便在紧急情况下能够迅速采取正确的行动。应急物资和设备应该包括灭火器、防护服、呼吸器等。

（7）张贴应急程序。应该在实验室明显位置张贴建筑物疏散路线、紧急电话号码、化学品废物处理办法、灭火器使用方法等，以便员工在紧急情况下能够迅速采取正确的行动。

8.6.3　轻微泄漏应急程序

一个气瓶或其中一个部件可能会导致轻微泄漏。这些泄漏可能发生在阀门螺纹、安全阀、阀门阀杆和阀门出口等部件的顶部。

以下是针对气体轻微泄漏的一些补救措施：

（1）验证泄漏。首先，要验证是否存在气体泄漏。应使用适当的检测工具（如易燃气体检测器或肥皂水溶液）而不是火焰，因为后者可能引发火灾或爆炸。一旦确认存在泄漏，应立即采取紧急行动。

（2）隔离和通风。对于易燃、惰性或氧化性气体，确保泄漏区域与其他区域隔离，并保持良好的通风。将钢瓶移至气瓶柜或其他安全区域，并远离易燃材料。同时，张贴危险警示标志以警告他人。

（3）中和处理。对于腐蚀性和有毒气体，同样需要将钢瓶移至安全区域，并导入化学中和容器中。这样可以降低对人员和环境的危害。

（4）应急响应程序。如果无法阻止泄漏，应立即启动应急响应程序。这包括疏散人员、报警和关闭气源等措施，最大限度地减少危害。

（5）维护和检查。为了预防泄漏，应定期检查和维护气瓶及相关部件。任何损坏或故障都应及时维修，以确保气瓶和部件的安全性。

8.6.4　重大泄漏应急程序

如果有大量气体泄漏或事故发生，而现有的 PPE 不足以确保人员安全，必须启动以下应急响应程序：

（1）立即拨打求救援助电话。如果发现大量气体泄漏或发生事故，应该立即拨打救援电话，向专业人员寻求帮助。在拨打电话时，应该说明事故的类型、地点和严重程度等信息，以便专业人员能够迅速采取正确的行动。

（2）触发建筑和区域火灾警报。在大量气体泄漏或事故发生时，应该立即触发建筑和区域火灾警报，以便周围人员能够迅速疏散和采取应急措施。警报声可以让周围人员意识到危险的存在，避免事故扩大。

（3）撤离该区域，确保入口安全，并在离开时为他人提供帮助。在触发火灾警报后，应该立即撤离该区域，确保入口安全。在离开时，应该为他人提供帮助，如搀扶受伤人员、指引疏散路线等。撤离时应该根据疏散路线迅速离开，避免拥挤和踩踏事故。

（4）向到达的援助人员提供紧急情况的细节说明。当救援人员到达现场时，应该向他们提供紧急情况的细节说明，包括事故的类型、地点、严重程度等信息。这样可以让救援人员迅速了解事故情况，采取正确的应急措施。

（5）配合救援人员的行动。在救援人员到达现场后，应该积极配合他们的行动，听从他们的指挥和安排。如果需要疏散或采取其他应急措施，应该迅速行动，避免事故扩大。

【案例分析 8-3】硫化氢气瓶泄漏事故

案例概述：2015 年 3 月 3 日，一所大学的环境学院实验室发生了一起硫化氢气体泄漏事故。当时，一名气瓶公司工作人员在该实验室更换硫化氢气体钢瓶时操作不规范，导致硫化氢气体泄漏。这名工作人员最终不幸身亡。当 4 名研究生试图进入实验室救人时，他们的导师及时制止了他们，让他们戴上防毒面具再实施救援，避免了更大的伤亡。

硫化氢是一种对人体有全身性毒作用的气体，当其浓度达到 1000 毫克/立方米时，吸一口即可致命。这次事故暴露出学生和工作人员对气体危害认识不强，缺乏基本的防范意识。同时，经调查该气瓶公司的操作人员没有接受过专业培训，且使用民用车辆进行气瓶运输。这也是导致这次事故的重要原因之一。

经验教训：对于涉及危险化学品和气体的场所，必须严格遵守相关安全规定和操作规程，确保安全使用和管理气瓶等危险物品，避免类似的事故再次发生。同时，气瓶公司也应该加强对工作人员的培训和监管，确保其具备必要的安全意识和操作技能，并严格按照规范进行操作，以保障公共安全和生命财产安全。

【案例分析 8-4】氩气泄漏致实验人员窒息死亡

案例概述：2011 年，在北京某高校激光加工实验室，1 名博士生在夜间实验过程中发现氩气气压异常降低。尽管导师告诫他不能单独进入实验环境排查问题，尤其是没有低氧浓度探测器的情况下，但该博士生仍然私自进入氩气泄漏的环境，最终窒息死亡。

氩气虽然是一种惰性气体，通常在常压下不会对人体产生毒性，但在高浓度下会降低氧分压，导致窒息。当氩气浓度升到 50 %以上时，会引发严重症状；如果浓度继续升高至 75 %以上，可能会在数分钟内导致人员死亡。

经验教训：惰性气体钢瓶应存储在一个隔离的、通风良好的区域（气瓶柜内）并张贴危险的警示标志；使用惰性气体的实验室应安装氧气浓度探测器；实验室应该制定针对此类紧急情况的应急预案，包括在发生氩气泄漏或其他危险情况时的应对措施和流程，并对实验室工作人员和学生进行安全教育和培训。

【案例分析 8-5】一氧化碳中毒事故

案例概述：2009 年 7 月 3 日，浙江某大学理学院教师莫某某、教师徐某某在化学系催化研究所做实验过程中误将本应接入其他实验室的一氧化碳气体误接入 211 房间，造成 211 房间内的人员于某某中毒窒息，发现于某某晕倒并拨打求救电话的袁某某随后也晕倒在地。莫某某、徐某某的行为涉嫌危险物品肇事罪，被杭州市公安机关立案调查，并对其采取监视居住的强制措施。

经验教训：有毒和剧毒气体必须储存在连续机械通风的专门用于有毒气体储存的气瓶柜中，并安装有声警报器；实验室应该制定有毒或剧毒气体使用和应急响应预案，并安排实验室工作人员和学生进行安全教育和培训，包括有毒和剧毒气体的性质、使用和储存的注意事项、应急响应措施等内容。

【案例分析 8-6】氢气瓶爆炸酿悲剧

案例概述：2015 年 12 月 18 日，北京某高校化学系发生了一起令人痛心的爆炸火灾事故。这起事故造成了三个房间起火，过火面积达到了 80 平方米，一名科研人员在事故中不幸丧生。图 8-13 展示了爆炸事故现场的情景。调查发现，爆炸源是一个氢气钢瓶，其爆炸点距离遇难者工作的操作台两三米远。钢瓶原长度约为 1 米，但爆炸后只剩下上半部的大约 40 厘米，可见爆炸的威力之大。事故调查结果显示，事故很可能是由实验过程中氢气泄漏引起的。由于实验人员未能及时察觉到氢气泄漏，加上实验过程中涉及的高温环境可能加速了氢气的燃烧和爆炸。此外，一个重要的原因是，房间内并未安装氢气报警器及泄漏紧急自动排风系统，因此在氢气泄漏的情况下，无法及时发现并采取相应的措施。

图 8-13　爆炸后的事故现场及实验室现场

经验教训：

（1）室内使用和储存氢气时，漏气上升滞留屋顶不易排出，遇火星会引起爆炸。因此，应避免使用明火，禁止吸烟，电器设备应符合防爆要求，安装氢气报警器和泄漏紧急自动排风系统有助于及时发现和处置泄漏。

（2）采购和使用氢气瓶时，应选择有制造许可证和充装许可证的企业的合格产品。使用过程中，应严格遵守安全操作规程，避免出现泄漏等情况。

（3）预防氢气爆炸需要制定氢气瓶安全管理制度和事故应急响应程序，并有专人负责气瓶安全工作，定期对气瓶相关人员进行气瓶安全技术培训，培训合格后方能上岗。

（4）氢气瓶应储存于阴凉、通风的房间，房间温度不宜超过 30 ℃，远离火种、热源，防止阳光直射，应与氧气、压缩空气、卤素（氟、氯、溴）、氧化剂等分开存放。

8.7 压缩气体使用管理制度

制定压缩气体使用管理制度对于保障科研、生产安全进行，提高资源利用效率，防止环境污染具有重要意义。

以下是压缩气体使用管理制度的一些要点：

（1）制定管理制度和操作规程。根据气体的性质制定相应的管理制度和操作规程，并在实验室明显位置张贴气体钢瓶使用制度，以便相关人员能够了解和遵守相关规定。

（2）落实责任。按照“谁使用，谁负责；谁管理，谁负责”的原则，用气单位和个人对所领用钢瓶负有维护和保养的责任。如果因使用不当发生事故或因保管不善损坏、丢失造成不良后果，要追究领用人的责任。

（3）登记管理制度。对使用气体钢瓶实行登记管理制度，记录相关检查项目和时间，做好钢瓶的台账登记，妥善保管使用记录。这样可以追溯钢瓶的使用情况，及时发现和处理潜在的安全问题。

（4）安全标志和警示语。实验室内应该张贴各种安全标志和警示语，编写与发放安全学习材料，举办安全培训，定期或不定期进行检查。这样可以提醒相关人员注意安全，增强安全意识。

（5）日常检查制度。建立气瓶日常检查制度，包括检查气瓶的外表涂色和警示标志是否清晰可见，气瓶的外表是否存在腐蚀、变形、磨损、裂纹等严重缺陷，气瓶的防震胶圈、瓶帽、瓶阀是否齐全、完好，气瓶的使用状态（满瓶、使用中、空瓶）等。这样可以及时发现和处理潜在的安全问题。

（6）定期检验制度。按照规定，不同种类的气体钢瓶应该按照不同的周期进行定期检验。盛装腐蚀性气体的气瓶（如二氧化硫、硫化氢等），每两年检验一次；盛装一般气体的气瓶（如空气、氧气、氮气、氢气、乙炔等），每三年检验一次；盛装惰性气体的气瓶（如氩、氖、氦等），每五年检验一次。在使用过程中，如果发现气瓶有严重腐蚀、损伤或对其安全可靠性有怀疑时，应提前进行检验。超过检验期限的气瓶，启用前应进行检验。这样可以保证气瓶的安全和可靠。

【案例分析 8-7】违规私自充装混合气体钢瓶

案例概述：2015 年 4 月，江苏某高校化工学院一实验室发生了一起压力气瓶爆炸事故。在进行纳米催化剂元件灵敏度测试试验过程中，甲烷混合气体储气钢瓶发生爆炸。事故造成 5 人受伤，其中 1 人因抢救无效死亡，1 人重伤截肢，3 人耳膜穿孔，直接经济损失达 200 多万元。爆炸事故现场如图 8-14 所示。

经调查，事故的直接原因是试验采用私自充装的甲烷混合气体钢瓶，其中气瓶内甲烷含量达到爆炸极限值。在试验中开启瓶阀时，气流快速流出引起的摩擦热能或静电导致瓶内气体反应发生爆炸。间接原因包括违规配置试验用气，对甲烷混合气的危险性认识不足，爆炸钢瓶超期服役，钢瓶长时间未进行检验，实验室不具备必要的安全防护条件，学校对有关人员的安全教育培训不足及实验室安全管理存在薄弱环节等。

图 8-14　爆炸事故现场

经验教训：

（1）前期安全培训应当包括所有可能遇到的安全操作和应急措施。这不仅包括如何正确使用易燃易爆气体和气瓶，还包括在发生意外情况时应该如何行动，培训合格后方能上岗。

（2）仅采购和使用有制造许可证和充装许可证的企业的合格气瓶。

（3）含有爆炸性混合气的气瓶应使用防爆的减压表。

关于课程思政的思考：

气体使用安全不仅是实验室中不可忽视的重要环节，也是工业生产中的关键问题。确保气体使用的安全性，不仅是责任所在，更是对生命的尊重和对他人的关爱。对于工业生产而言，气体使用的安全性更是至关重要的。大批量、大规模使用气体可能导致事故的发生概率增加。因此，工业生产中应建立健全气体使用安全管理制度，定期检查气体管道和设备的运行状况，确保气体使用过程中的安全性。为了提高气体使用的安全性，我们应加强师生的安全培训和教育。通过定期的安全培训和教育活动，可以提高师生对气体使用安全的重视程度和操作技能水平。同时，制定应急预案并进行演练，确保在紧急情况下能够迅速采取有效的应对措施。

第 9 章　水、电及仪器使用安全

9.1　用电安全

9.1.1　电击的危害

实验室常见的设备如热板、搅拌器、真空泵、电泳仪、激光器、加热套、超声波发生器、电源和微波炉等可能对实验室工作人员造成重大危害；此外，许多实验室电气设备具有高电压或高功率，带来了更大的风险；特别是许多激光闪光灯和大型电容器能够存储致命的电能，即使电源已断开，也会造成严重危险。

当人体成为电路的一部分时，电流可能会流过身体，导致电击。以下是电击可能造成的直接伤害：

（1）电烧伤。电流通过人体时会对人体组织产生热效应，导致烧伤。这种烧伤通常发生在电流出口和入口处。

（2）电弧烧伤。当高电压电流通过空气或其他介质时，可能会产生电弧（即电火花）。这种电弧的高温可能导致皮肤或眼睛的烧伤。

（3）热接触烧伤。当带电的物体与人体接触时，如果该物体温度很高，可能会造成烧伤。

以下是电击可能造成的间接或继发性伤害：

（1）不自主肌肉反应。当人体受到电击时，肌肉可能会产生不自主的收缩或痉挛，导致摔倒或其他意外伤害。

（2）瘀伤和骨折。由于电击导致的强烈肌肉收缩或不自主的动作，可能导致身体碰撞到硬物，造成瘀伤或骨折。

（3）心肺骤停或窒息。对于高电压的电击，电流可能会影响心脏或呼吸系统，导致心肺骤停或窒息。

此外，即使电击幸存，也可能对健康有长期影响，如神经损伤、听力丧失、记忆问题等。

电击的后果取决于许多因素，包括电流的强度、持续时间、流经身体的路径及人体电阻等。表 9-1 中列出了不同电流强度对人体的危害。可以看出当电流强度增加时，其对人体的伤害程度也会增加。低电流可能只会引起轻微的不适，而高电流可能导致严重的器官损伤、肌肉损伤或致命伤害。另外，电流频率对人体伤害程度的影响也很大。交流电的频率越高，对人体伤害程度越小。这是因为高频率电流会使肌肉快速收缩，减少电流在体内的持续时间。直流电流则对人体伤害程度相对更大。不同部位的生理反应程度和伤害类型也会有所不同。例如，流经心脏或中枢神经系统的电流路径可能导致更为严重的后果。人体电阻的大小也会影响电流对人体的伤害程度。人体电阻取决于多个因素，如皮肤湿度、接触面积等。人体电阻越大，通过人体的电流越小，对人体的伤害程度就越小。相反，人体电阻越小，通过人体的电流就越大，对人体的伤害程度就越大。

表 9-1 不同电流强度对人体的危害

电流（毫安）	危害
1	感知水平，只是轻微的刺痛
5	轻微的刺激，一般人都可以摆脱掉，然而，这个电流下的电击会使人产生强烈的下意识反应而导致受伤
6～30	疼痛性休克，丧失肌肉控制
50～150	极度疼痛，呼吸停止，严重的肌肉收缩，个人不能摆脱，可能导致死亡
1000～4300	心室颤动，发生肌肉收缩和神经损伤，可能导致死亡
10000	心脏骤停，严重烧伤，可能导致死亡

安全电压是指不会引起生命危险的电压。不同国家和地区对安全电压的规定有所不同。我国规定的安全电压为 36 伏，美国规定的安全电压为 40 伏，法国规定的安全交流电压是 24 伏，安全直流电压为 50 伏。需要注意的是，安全电压并不意味着低危险，安全电压也可能是极其危险的。电流通过人体的时间也是决定伤害程度的重要因素。即使在安全电压下，如果电流流经人体时间过长，仍可能造成伤害。在其他因素相同的情况下，人体的受伤程度与身体处在电路中的时间长短成正比。

漏电保护器是一种用于保护人身安全的设备。当设备检测到有电流流向地面时，它会立即切断电源，以避免电流继续流过人体。漏电保护器可以监督低压系统或设备的对地绝缘状况，及时发现并处理潜在的漏电风险，从而保护人身安全。

为了确保安全，建议遵循国家和地区的电气安全规定，合理选用电器设备和漏电保护器，避免发生电击事故。同时，要定期检查和维护电气设备和线路，确保其正常工作并减少潜在的安全隐患。

9.1.2　电路保护装置

线路保护装置的设计目的是在发生接地故障、过载或短路时，自动限制或关闭电力线路，以保护设备和人员安全。常见的线路保护装置包括断路器和保险丝，它们在电路中起着至关重要的作用。

断路器和保险丝在电路中的功能主要包括：

（1）过载保护。当电路中的电流超过额定值时，断路器或保险丝会自动断开电路，以防止电线和设备过热。长时间的过载会导致设备过热，进而可能引发火灾危险。

（2）短路保护。当电路中出现短路故障时，电流会迅速增加，导致设备过热。断路器或保险丝可以在检测到短路时迅速断开电路，防止设备受到损坏，并保护整个电路免受进一步损害。

（3）接地故障保护。接地故障可能导致设备外壳带电，对人员安全构成威胁。线路保护装置可以检测到接地故障并迅速切断电源，从而保护人员安全。

断路器和保险丝的工作原理有所不同。断路器通常由一组弹簧和触点组成。当电流通过时，触点会发热并膨胀，从而使触点之间的间隙增大。如果电流过大，触点之间的间隙会被切断，导致电路断开。保险丝则是由一个细长的金属导体制成。当电流过大时，保险丝会因为过热而熔断，从而断开电路。在选择断路器和保险丝时，需要根据具体的电路需求和设备负载进行匹配。同时，定期检查和维护线路保护装置也是确保其正常工作和电路安全的重要措施。

9.1.3　电气危害防护措施

采用绝缘、防护、接地和电气保护装置等方法可保护人们免受电气造成的危害。遵循以下预防措施可以保护自己和他人：

（1）处理设备时确保双手干燥，尽可能戴上绝缘手套并穿绝缘鞋底的鞋子。

（2）带电作业前取下所有的饰品，包括戒指、手表、手镯和项链。

（3）每次使用设备前应检查设备的接线，立即更换损坏或磨损的电线。

（4）修理或安装电器时，应先切断电源。修理高压或大电流设备只能由训练有素的电工进行操作。

（5）电源裸露部分应有绝缘装置（例如电线接头处应裹上绝缘胶布）。

（6）如果有人员接触带电导体，请勿触摸设备、电线和该人员，应迅速切断电源，然后进行抢救。

（7）试电笔一般适用于 500 V 以下的交流电压，不能用试电笔去试高压电。

（8）所有电器的金属外壳都应保护接地。

（9）测量绝缘电阻可用兆欧表。

（10）实验前先检查用电设备，再接通电源；实验结束后，先关仪器设备，再关闭电源。

（11）工作人员离开实验室或遇突然断电，应关闭电源，尤其要关闭加热电器的电源开关。

（12）延长线只能临时使用，不能用作永久接线。请勿将延长线用于固定设备，如计算机、冰箱和冰柜等。避免延长线或插线板成为绊倒的危险源。

（13）使用插线板来代替延长线。插线板必须具有内置的过载保护（断路器），并且不得连接到另一个插线板或延长线。多插头适配器必须有断路器或保险丝。

（14）在实验室中只能使用带有正确接地插头的设备。

（15）插线板不得超载，还要防止水或化学品溢到上面。如果水或化学品溅到设备上，请关闭主开关或断路器的电源，并拔下设备插头。

（16）减少放置在地板上的插线板或电气设备，所有电气设备抬高地面至少 30 厘米。

（17）切勿将易燃液体存放在电气设备附近。室内若有氢气、煤气等易燃易爆气体，应避免产生电火花。继电器工作和开关电闸时，易产生电火花，要特别小心。尽量减少电气设备附近泄漏的水或化学品，保持工作区域干燥。

（18）尽量减少在寒冷房间或其他可能发生冷凝的区域使用电气设备。如果必须在这些区域使用设备，请将设备安装在墙上或垂直面板上。

（19）在潮湿或高温或有导电灰尘的场所，应该用超低电压供电。在工作地点相对湿度大于 75 %时，属于危险、易触电环境。

（20）如遇电线起火，立即切断电源，用干砂或二氧化碳、四氯化碳灭火器灭火，禁止用水或泡沫灭火器等导电液体灭火。

9.1.4 电气火灾发生的主要原因

电气火灾发生的主要原因包括以下方面：

（1）过载。当电气设备或导线的负荷超过其额定输出功率时，就会产生过热，如果长时间过载，就可能引起火灾。

（2）短路。当电路发生短路时，由于电流突然增大，会在短路点产生强烈的火花和电弧，这不仅会使绝缘层迅速燃烧，而且可能使金属熔化，引燃附近的可燃物，引发火灾。

（3）接触电阻过大。当线路之间的连接处接触不良或松动时，会导致接触电阻过大，这种情况下，接头的附近会产生极大的热量，可能引发火灾。

（4）漏电。当电流从电线或电气设备泄漏到大地或其他非导电体时，如果遇到电阻较大的部位，可能会产生局部高温，导致附近的可燃物着火，从而引发火灾。此外，漏电点产生的漏电火花也可能引起火灾。

上述原因都可能导致电气线路或设备的过热，产生火花或电弧，进而引燃可燃物，造成电气火灾。

9.1.5 预防电气火灾发生的措施

预防电气火灾发生的措施包括以下方面：

（1）仪器安装修理应指派专业技术人员操作。

（2）插座和接线板要选用符合国家标准的产品。

（3）使用插座和插线板时，不要超过载荷量。

（4）安装过载保护装置。

（5）线路上应安装熔断保护装置。

（6）要安装漏电保护器，并经常检查线路的绝缘情况。

（7）仪器存放环境应避免潮湿高温，在潮湿、高温、腐蚀环境下严禁绝缘导线明铺，应使用套管布线。

（8）安装连接导线时，接头部分要牢固可靠，要定期检查接头是否松动或者局部过热。

（9）要尽量避免线路损坏，活动电气设备的移动线路应采用套管保护，经常受压的地方用钢管暗铺。

（10）电器火灾发生后，应关闭电源后拔掉电源插头，并用湿毯子或湿棉被盖住电器，阻止烟火蔓延。

（11）如图 9-1 所示，插线板不可置于地面，应置于墙面或实验台侧面，这样可以减少人员绊倒或接触到带电部分的危险。

图 9-1 违规置于地面的接线板

【案例分析 9-1】离开实验室前忘记关电路引发火灾

案例概述：2010 年 5 月 26 日，昆明某高校一实验室突发火情。这起事故是一起由于学生疏忽导致的火灾事故。事故的原因是学生做完实验后出门时忘记关电路，从而引发了火灾。幸运的是，没有人员在这起事故中受伤。火灾事故现场如图 9-2 所示。

经验教训：进入实验室前，所有学生应接受实验室安全培训和教育，了解并掌握实验室设备使用的正确方法。离开实验室时应确保所有设备处于安全稳定状态。

图 9-2 火灾事故现场图

【案例分析 9-2】世界知名实验室意外大火

案例概述：1998 年 5 月，美国位于阿卡迪亚国家公园旁的杰克逊实验室发生火灾。杰克逊实验室每年向全球输出 300 万只白鼠，用以进行癌症、艾滋病、糖尿病及其他疾病遗传学研究。这次意外大火，致使供实验用的 50 万只白鼠被烧死，将降低全球遗传学研究的速度，至少要两三年时间才能补上这次损失的白鼠数量。

经验教训：实验室的安全防火非常必要，因为有些损失是无法用时间和金钱弥补的。必须重视实验室的安全防火措施，以防止类似的火灾事故再次发生。

9.2　用水安全

实验室用水是实验室日常工作中的重要部分，需要注意以下事项：

（1）各师生应了解实验室各级水阀的位置，遇到水患时能及时关闭总阀门。

（2）平时及时维护水龙头和相关设备，保证水龙头阀门做到不滴、不漏、不冒、不放任自流。

（3）停水后要检查水龙头是否拧紧，发现停水要马上关上水龙头，防止自来水溢出造成损失。

（4）下水道排水不畅或排水口堵塞时，应及时联系维修人员进行维修疏通。

（5）建议在实验室安装带有逆流口的水槽，如果实验室安装了地漏，即使发生水患，水流到地面也会经地漏排出。

（6）冬季做好水管的保暖和排空工作，防止水管受冻爆裂。

（7）冷却水输水管必须使用橡胶管，不得使用乳胶管，定期检查冷却水装置接口处胶管和管路老化情况，发现问题及时更换。

（8）取用纯净水时应注意及时关闭取水开关，杜绝无人看守取水的现象，防止纯净水溢出。

9.3　仪器设备使用规范

9.3.1　培训和考核

（1）实验室工作人员需要定期参加仪器设备的培训和考核，以确保他们能够熟练掌握仪器的使用和维护。

（2）学生必须在指导老师的指导下使用实验室仪器设备，并严格遵守实验室的安全规定，学生有任何疑问或发现安全隐患应及时向指导老师报告。

（3）新进实验室的工作人员和学生必须接受实验室安全教育和培训，了解实验室安全规章制度和应急措施。

9.3.2 安全意识

（1）在非教学任务时间使用实验室及仪器设备时，使用者必须明确自己的安全责任，并严格遵守实验室的安全规定。

（2）实验室工作人员和学生应时刻保持警惕，注意观察周围环境和仪器设备的安全状况。

（3）实验室工作人员和学生如发现仪器设备故障或存在安全隐患，应立即报告实验室负责人或相关管理人员。

9.3.3 操作规程

（1）严格遵守仪器设备的安全操作规程，严禁乱动或拆卸仪器，切勿贪图省时省力而违规操作。

（2）操作仪器设备前，必须了解仪器设备的性能、操作规程和安全注意事项。

（3）清楚仪器每个按键（或按钮）的位置及用途，以便在紧急情况下立即停止操作。

（4）在使用具有潜在危险性的仪器设备时，必须采取必要的安全措施。

9.3.4 实验室环境

（1）保持实验室环境和仪器整洁，实验中保持安静，严禁吸烟，严禁打闹喧哗，严禁在实验室内从事与实验无关的活动。

（2）实验室内的通道和出口必须保持畅通，禁止堆放杂物。

（3）实验室内的消防设施和安全设备必须定期检查和维护。

9.3.5 安全检查和维护

（1）仪器设备开机前应进行安全检查，运行过程中如怀疑仪器的安全性，应立即停机检查。

（2）仪器在运转过程中出现杂音或其他运转异常的情况时，应立即关机并通知仪器负责人检查。

（3）定期对仪器设备进行维护和保养，确保其性能稳定、安全可靠。

9.3.6　应急措施

（1）实验室应制定应急措施，包括火灾、泄漏、触电等突发情况的应对措施。

（2）实验室工作人员和学生应了解应急措施并知道如何正确使用消防器材等应急设备。

（3）发生紧急情况时，应立即报告实验室负责人或相关管理人员并启动应急措施。

9.3.7　其他注意事项

（1）在清洁、维修仪器时，应先断电并贴上暂停使用的警示标志或说明。

（2）学生因误操作仪器而发生仪器故障时，须立即向指导教师报告，并通知指导教师或实验室负责人。

（3）实验结束后须检查仪器是否正常才能离开。确保实验前不携带与实验无关的物品进入实验室，实验结束后也不带走实验室内的任何物品。

9.4　仪器设备安装使用基本准则

9.4.1　工作场所整洁

（1）保持工作场所整洁，养成经常清扫的习惯。

（2）工作台面上应保持清洁，避免杂物和尘土堆积。

（3）地面应保持干燥、清洁，避免积水和油渍。

9.4.2　仪器安装

（1）安装仪器时，确保仪器稳固地固定并远离实验台的边缘，仪器与其他操作区域之间留出足够的空间。一般在工作区域周围留出大约 20%的可用空间。

（2）仪器的高度和位置应根据实验要求和人体工程学原理进行调整，以便于操作和观察。

（3）仪器的电线和管道应整齐地布置，避免交叉和混乱。

9.4.3 导线使用

（1）只使用无裂纹、缺口、磨损的导线，不使用有明显缺陷的设备。

（2）导线接头应牢固可靠，避免接触不良或短路。

（3）导线应远离热源和火源，避免绝缘层老化或燃烧。

9.4.4 容器放置

（1）在反应容器或容器下方适当放置二级容器，以防止玻璃破裂时溢出的液体扩散。

（2）二级容器应稳固可靠，避免倾翻或泄漏。

（3）容器内的液体不应超过容器容积的2/3，避免溢出或溅出。

9.4.5 易燃气体或液体使用

（1）使用易燃气体或液体时，不要靠近燃烧器或其他火源。

（2）使用冷凝器等装置，尽量减少易燃气体或液体释放到环境中。

（3）如果使用加热台，确保表面的温度低于所存化学品的自燃温度，如果有温度控制装置、搅拌或通风电机工作，应确保不会产生电火花。

9.4.6 电加热器使用

（1）尽可能使用电加热器或蒸汽加热装置代替煤气灯等燃烧装置。

（2）电加热器应放置在稳固的支撑物上，避免倾倒或滑动。

（3）电加热器的电源线应接地良好，避免触电或短路。

9.4.7 漏斗固定

（1）加液漏斗和分液漏斗应合理固定，以使旋塞不会因重力而松动。

（2）旋塞上应使用固定环，确保旋塞的稳定性和密封性。

（3）玻璃旋塞应润滑，特氟龙旋塞不应润滑。

9.4.8 冷凝管固定

（1）冷凝管应使用夹子安全固定，并用电线或夹子固定连接冷凝管的水管。

（2）夹子应固定在稳固的支撑物上，避免倾倒或滑动。

（3）冷凝管与水管连接处应密封良好，避免漏水或漏气。

9.4.9　搅拌器固定

（1）搅拌器和容器应固定以确保位置对齐。

（2）优选磁力搅拌方式，磁力搅拌器的搅拌是通过磁场作用驱动的，它不需要直接与容器接触，减少了摩擦和产生火花的可能性。如果必须使用电动搅拌器，应选择无火花电机，如气动马达。

（3）搅拌器的电源线应接地良好，避免触电或短路。

9.4.10　物体放置

（1）装置、设备或化学试剂瓶不应放在地板上。如果有必要，把这些物品放到桌子上或专门的架子上。如果必须将物品放在桌子下面，应确保远离过道，防止绊倒实验人员。

（2）物品放置应稳固可靠，避免倾翻或坠落。

9.4.11　加热操作

加热操作是实验室中常见的操作之一，以下是加热操作的注意事项：

（1）不要用密闭容器加热，加热化学物质的装置应有排气口。

（2）加热液体沸腾之前，将沸石加入不能搅拌的容器内（除试管外）。

（3）如果使用燃烧器，则用一个石棉网分散热量。

（4）蒸馏时如果有可能发生危险的放热分解反应，应将温度计水银柱的部分插入沸腾液体里，以给人们温度警示，并随时去除热源进行外部冷却。该装置设置应能做到快速散热。

（5）加热设备应放置在稳固的支撑物上，避免倾倒或滑动。

（6）加热设备周围应保持清洁干燥，避免杂物堆积影响散热效果。

（7）加热设备电源线应接地良好，避免触电或短路。

（8）加热设备使用过程中操作人员不得离开现场应随时观察温度变化，必要时采取相应措施防止事故发生。

（9）加热完毕后应立即关闭加热设备，断开电源，待其自然冷却后再进行清理工作。

（10）加热过程中若发生异常情况应立即停止加热，并采取相应措施进行处理。

（11）加热操作时应戴上防护手套、防护眼镜等 PPE 防止烫伤等伤害事故发生。

（12）加热过程中不得进行其他无关操作，防止分心。

（13）加热过程中应注意观察周围环境变化，如有异常气味、烟雾等情况应立即停止加热并报告相关人员进行处理。

（14）加热过程中如需移动加热设备，应先关闭加热设备，断开电源，待其自然冷却后再进行移动。

（15）加热过程中如发生异常情况需紧急处理时，应立即报告相关人员进行处理。

（16）加热过程中应注意节约能源，避免资源浪费或不必要的损失。

（17）加热过程中应注意保护环境，减少污染排放。

（18）加热过程中应注意遵守实验室安全管理规定，严禁违规操作。

（19）加热过程中应注意与其他人员保持良好的沟通和协作。

【案例分析 9-3】冷却设备中乙醇泄漏起火

案例概述：2009 年 2 月 27 日，中科院某研究所位于实验楼顶楼的实验室发生火灾，部分器材被烧毁。火灾烧毁了一个通风橱，失火面积约 3 平方米。三名保安因吸入烟气被熏倒。经调查，起火原因是将乙醇作为循环液体的冷却装置的塑料管老化，泄漏出的乙醇引发火灾。

经验教训：首先，实验室应该对所有设备进行定期的检查和维护，以确保设备的正常运转，特别是涉及乙醇等易燃物质的设备；其次，实验室应确保所有工作人员都接受过全面的安全培训，并知道如何在紧急情况下正确行动；最后，对于危险化学品，需要采取适当的措施来防止其泄漏或不当使用。

9.5 加热设备

9.5.1 加热设备使用注意事项

在实验室中，加热设备是必不可少的，通常用于促进化学反应、蒸发溶剂、热处理样品等。常见的加热设备包括烘箱、加热台、加热套、油浴、盐浴、沙浴、空气浴、管式炉、吹风机和微波炉等。这些设备各有优缺点，选择哪种设备取决于实验的需求和条件。

当需要加热到小于等于 100 ℃ 时，通常首选水浴加热设备。这是因为水浴加热设备不会产生电火花，不会有受冲击的风险，可以无人看管，并且能保证其温度不超过 100 ℃。使用水浴加热设备时，需要注意加水的量和蒸汽的充足程度，以确保设备的正常运行和安全性。

除了水浴加热设备外，其他加热设备也需要注意安全使用。例如，烘箱和加热台等设备需要放置在稳定的平台上，避免倾斜或翻倒；加热套等设备需要放置在合适的容器中，避免直接接触到易燃物质；油浴、盐浴、沙浴等设备需要注意温度的控制和样品的放置方式，避免溢出或燃烧；空气浴、管式炉、热风枪等设备需要注意防止烫伤和发生火灾；微波炉等设备需要注意正确使用，避免发生爆炸或燃烧等危险。

总之，在使用实验室中的加热设备时，需要特别注意安全因素。选择符合安全规范的设备，并对其进行定期检查和维护，以确保其正常运行。同时，也需要特别注意操作人员的安全，避免烫伤、电击、火灾等危险。在使用加热设备时，需要按照设备的操作规程进行操作，注意控制温度和环境，确保实验的安全和可靠。

在实验室中使用加热设备时，注意以下事项：

（1）加热装置应安装在坚固的固定装置上，并远离任何可燃材料，如易燃溶剂、纸制品和其他可燃物。不要让明火无人看管，以防火灾或爆炸事故的发生。

（2）加热设备不应安装在花洒淋浴或其他喷水设备附近，因为可能存在触电和火灾风险。为了确保安全，需要将加热设备放置在合适的位置并避免与水源接触。

（3）任何实验室加热装置中的实际加热元件都应封闭起来，以防止实验室工作人员或任何金属导体意外接触携带电流的导线。

（4）加热装置有时会严重磨损或损坏，以致其加热元件暴露在外。如果发生这种情况，应立即停止使用并进行维修或更换。

（5）实验室加热装置应与可变自耦变压器一起使用来控制输入电压。这样可以调节设备的加热温度和功率，并确保设备的稳定性和安全性。

（6）所有可变自耦变压器的外壳都有用于通风冷却的孔洞。因此，可变自耦变压器应放置在水和其他化学物质不会溅到的地方，并且不要暴露在易燃液体或蒸汽中。

（7）加热设备应有备用电源切断器或温度控制器，以防止过热。如果使用备用温度控制器，则应能发出警报通知使用人员发生故障。

（8）在反应过程中应明确设定反应的温度范围，以确保反应温度不会引起剧烈反应，并应提供一种冷却危险反应的方法，如使用冷却水、冷凝器或风扇等。在某些情况下，可以使用冷冻剂来快速降低温度，特别是在紧急情况下。但应谨慎操作并确保冷冻剂不会与反应混合物发生不良反应。

（9）张贴标志警告人们高温危险，以防止灼伤。

（10）如果由于线路电压的变化、反应溶剂的意外损失或冷却溶剂的损失而导致的反应温度显著升高，故障安全装置可以防止可能发生的火灾或爆炸。如果加热装置的温度超过某个预设的温度限制，或者冷却水停止流动，故障安全装置会关闭电源。

【案例分析 9-4】陈旧搅拌器故障引起火灾

案例概述：2010 年 5 月 31 日晚上 11 点半左右，中国某大学实验室，一台搅拌器（陈旧）在长时间使用后过热起火，学生由于长时间离开实验室未发现，导致火势逐渐蔓延。幸运的是，正在该楼做实验的其他学生及时发现并迅速采取灭火措施，成功将火扑灭，未造成更为严重的事故。

经验教训：为防止类似事故再次发生，实验室应加强对设备的维护和检查，及时发现并修复可能存在的安全隐患；加强实验室安全管理，提高学生的安全意识和自我保护能力，确保实验操作的安全性和规范性。

【案例分析 9-5】加热装置失控引发爆炸

案例概述：2008 年 12 月 22 日晚，中国某大学的一个化学实验室，一名学生正进行聚乙二醇双氨基的修饰，他将反应原料混合在一起进行溶解，然后转移到了一个防爆瓶中。旋紧尼龙盖后，他将防爆瓶放在油浴设备里，放在可加热的磁力搅拌器上，计划 60 ℃下反应 48 小时。待温度平稳后，学生将通风橱玻璃窗拉下，然后离开实验室，直至 23 日早上接到电话，学生才知实验出了事故。事故的原因为加热装置失控。可能是局部高温导致防爆瓶爆裂，溅出了油浴中的硅油，加热装置上的热电偶随即裸露在空气中，导致加热设备进一步加热升温，最终产生了大量的烟雾。

经验教训：要预防此类事故，实验室应该采取一系列安全措施。首先，应该使用安全的实验操作方法，避免使用可能引起高温的加热设备或加热方式。其次，应该定期检查和维护加热设备，确保其正常运转。此外，实验室应该提供安全培训和指导，让实验人员了解如何正确使用加热设备、如何识别潜在的危险及如何采取适当的防护措施。

9.5.2 酒精灯

酒精灯（图 9-3）是以酒精为燃料的加热设备，应用广泛。它通过燃烧酒精产生热量，从而实现对物体加热的目的。

酒精灯的加热温度可以达到 400～1000 ℃，具体温度取决于酒精灯的型号和使用方法。酒精灯具有安全可靠的特点，因为它使用酒精作为燃料，不会产生有害气体或残留物，也不会产生电火花等。

图 9-3　实验室常见酒精灯

酒精灯使用的注意事项如下：

（1）使用前检查酒精灯灯体无破损，以确保酒精灯的正常使用和安全。如果发现酒精灯有破损或缺陷，应立即停止使用并进行维修或更换。

（2）酒精灯内酒精量不少于 1/4 且不高于 2/3，以保证酒精灯的正常燃烧，避免溢出。加酒精时，应该使用漏斗等工具，避免直接倾倒导致酒精溢出或溅出。

（3）灯芯应浸润酒精且不宜太短，一般高出灯体 0.3～0.5 cm。这样可以确保酒精灯的正常燃烧和稳定的火焰。如果发现灯芯太短或没有浸润酒精，应该进行调整或更换。

（4）绝对禁止向燃着的酒精灯里添加酒精，以避免火灾或爆炸事故的发生。如果需要添加酒精，应该先将酒精灯熄灭并等待一段时间，待酒精灯完全冷却后再进行操作。

（5）禁止用酒精灯引燃另一支酒精灯。如果需要点燃另一支酒精灯，应该使用火柴或点火器等工具进行点燃。

（6）用完酒精灯，必须用灯帽盖灭，不可用嘴去吹。这样可以避免因火焰熄灭不完全导致火灾或爆炸事故的发生。

（7）实验过程中注意不要碰倒酒精灯，以避免火灾或爆炸事故的发生。如果发现酒精灯被碰倒或倾斜，应该立即熄灭酒精灯并进行处理。

（8）万一洒出的酒精在桌上燃烧起来，应立即用湿布扑盖。这样可以避免火焰蔓延而导致火灾事故的发生。如果发现火势无法控制，应该立即拨打火警电话并疏散人员。

（9）熄灭酒精灯后应再提一下灯帽，方便下次使用时再次打开。这样可以避免灯帽与灯体粘连而导致下次使用困难。如果发现灯帽与灯体粘连，可以用手轻轻摇晃或轻拍酒精灯使其松开。

【案例分析 9-6】酒精灯使用不当引发火灾

案例概述：2008 年 11 月 16 日，北京某高校食品学院大楼发生了一场火灾。据报道，火灾的过火面积约为 150 平方米。经过事后调查，火灾是一名博士生在动物试验房使用酒精灯不慎引起的。在实验过程中，该学生未能妥善处理酒精灯，导致周边可燃物起火。火势迅速蔓延，最终引燃了位于大楼顶部的实验室。事故现场如 9-4 所示。

图 9-4　事故现场

经验教训：实验室人员必须经过严格培训，熟悉并遵守实验室安全规程。在使用酒精灯等高温设备时，要特别注意防止火灾的发生。

9.5.3　加热台

加热台（图 9-5）是一种重要的加热设备，广泛应用于实验室实验、工业生产和科研等领域。它能够提供稳定和均匀的热源，确保实验或生产过程的顺利进行。加热台通常由加热元件、保温材料和台面组成。加热元件是加热台的核心部分，可以采用电热丝、电热膜或红外线等不同方式进行加热。保温材料用于减少热量散失，保持温度稳定。台面则提供了一个平稳的工作平台，方便放置实验器材和材料。

图 9-5　加热台

在使用加热台时，需要注意以下几个方面：

（1）实验室加热台是用于对实验材料进行加热的设备，特别是在需要加热到 100 ℃或更高温度的实验中。许多老旧的加热台上的开关、双金属恒温器等部件，在调节温度时可能产生电火花。因此，为了确保实验室工作人员的安全，应该向他们提供有关老旧加热台可能产生火花危险的信息。

（2）除了火花危险之外，旧的和老化的双金属恒温器最终会熔断，这可能会导致加热台过热或损坏。因此，应该定期检查恒温器的状态，及时修复或更换老化的恒温器，以确保加热台的正常使用和安全。

（3）不要将具有挥发性的易燃材料存放在加热台附近。如果需要使用易燃材料进行实验，应该在通风良好的环境下进行，并且要避免明火或高温。

（4）限制在老化的加热台上加热易燃材料，以避免火灾或爆炸事故的发生。如果发现加热台有老化或损坏的情况，应该立即停止使用并进行维修或更换。

（5）检查恒温器是否腐蚀老化。维修或重新配置腐蚀的双金属恒温器以避免火花危险。

9.5.4　加热套

加热套是一种实验室常用的加热设备，主要用于对实验材料进行加热。它通常由绝缘材料制成，如陶瓷或玻璃纤维，以确保实验人员的安全。加热套内部装有加热元件，此外，加热套还配备有控温装置，可以调节温度并保持恒温状态。

在使用加热套时，需要注意以下几个安全事项：

（1）加热套通常用于加热圆底烧瓶、反应釜、反应容器等实验室器皿。这套加热元件被包围在一系列的玻璃纤维涂层中，该涂层起到绝缘和保护作用。只要玻璃纤维涂层不磨损或断裂，只要没有水或其他化学物质进入加热套使用，加热套不会有触电危险。因此，在使用加热套时，应该避免与水或其他化学物质接触，以免发生危险。

（2）如图 9-6 所示，始终使用配有可变自耦变压器的加热套来控制输入电压，以避免电压过高或过低对加热套造成损坏或危险。同时，也可以根据需要调节加热套的温度，以满足实验的需求。

（3）不能超过制造商推荐的加热套使用输入电压。更高的电压会导致它过热，导致绝缘玻璃纤维的熔化和加热元件裸露，从而发生触电或火灾等危险事故。

（4）在加热过程中，应尽量避免长时间离开实验室。如必须离开，应调低加热套的温度或关闭加热套，以防止意外发生。

（5）带有金属外壳的加热套可以提供物理保护，防止玻璃纤维等材料损坏，但如果加热元件与金属外壳短路，就可能发生电击，对实验人员造成危险。通过将金属外壳接地，可以将任何可能的电流导入地面，从而避免电击事故的发生，确保实验人员的安全。

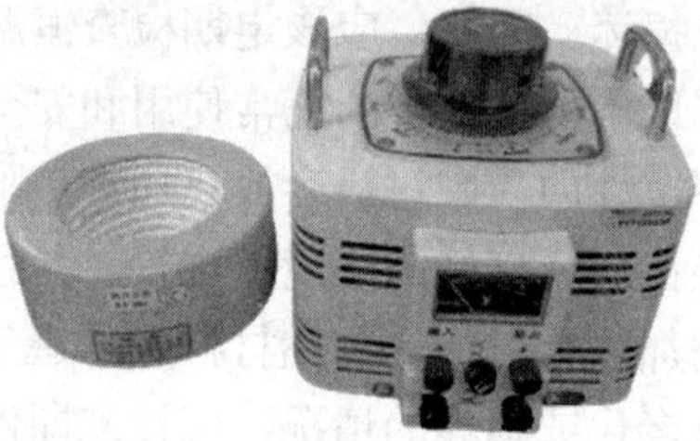

图 9-6 加热套及可变自耦变压器

9.5.5 水浴锅

水浴锅（图 9-7）主要用于实验室中蒸馏、干燥、浓缩，以及温渍化学药品或生物制品，也可用于恒温加热和其他温度试验，是生物、遗传、病毒、水产、环保、医药、卫生等领域化验室、分析室和教育科研中常用的加热设备。

图 9-7 水浴锅

水浴锅内水平放置不锈钢管状加热器，水槽的内部放有带孔的隔板。上盖上配有不同口径的组合套圈，可适应不同口径的烧瓶。水浴锅左侧有放水管，恒温水浴锅右侧是电气箱，电气箱前面板上装有温度控制仪表、电源开关。电气箱内有电热管和传感器。该温度控制系统采用了优质电子元件，控温灵敏、性能可靠、使用方便。

在使用水浴锅时，需要注意以下几点：

（1）水浴通常用于需要均匀加热且温度不超过 100 ℃的物体。水浴可以确保物体在整个加热过程中均匀受热，不会因直接火焰加热而导致局部过热。

（2）水浴锅所接电源电压应为 220 V，并必须安装地线。

（3）如果在加水之前接通电源，水可能会导电，导致触电风险。因此，为了安全，必须在加水之前确保电源已经关闭。

（4）如果水位低于隔板，加热管可能会暴露在空气中，导致加热不均匀或者过热，从而损坏加热管。因此，在使用过程中需要确保水位始终高于隔板。

（5）恒温控制失灵时，将控制器上的银接点用细砂布擦亮即可。

（6）水流入控制箱可能会引起电路短路，从而造成触电风险。因此，在注水时必须小心，确保水不会流入控制箱内。

（7）水浴锅使用后箱内水应及时排空，并保持清洁，以延长使用寿命。

（8）为避免产生水垢，水浴锅应使用纯净水，从而延长设备的使用寿命和保持性能。

（9）在使用过程中需要密切关注水位，确保它始终保持在适当的水平，避免干烧情况的发生。

9.5.6　电加热油浴锅

电加热油浴锅（图 9-8）是一种通过电加热方式将油加热到所需温度，然后将需要加热的物体放入油中进行加热的设备。电加热油浴锅通常由加热腔体、电热元件、温度控制器和外壳等部分组成。加热腔体是设备的主体部分，用于盛放油和需要加热的物体。电热元件通常采用电阻加热元件加热油并使油均匀受热。温度控制器用于控制加热温度，通常具有设定温度、控制加热时间和保持恒温等功能。外壳通常采用金属材料制成，起到保护和支撑作用。

图 9-8　电加热油浴锅

相比其他加热方式，电加热油浴锅具有以下优点：

（1）由于油的导热性能好，可以使待加热物体均匀地加热，避免了局部过度受热或受热不足的情况。

（2）通过调节外部电源对容器进行加温可以精确地控制油浴的温度，从而保证反应体系的稳定性和安全性。

（3）电加热油浴锅通常具有较高的加热温度范围，可以满足不同实验或生产过程的需求。

（4）电加热油浴锅可以在高温下长时间工作且保持较高的热稳定性，不易出现故障。

（5）电加热油浴锅的操作相对简单，只需要调节温度和放入待加热物体即可，无需复杂的操作步骤。

以下是使用电加热油浴锅的一些常见注意事项：

（1）安装电加热油浴锅的位置必须平整，保障机壳和地面接触良好。

（2）要确保容器能够承受硬物的意外撞击，以避免容器破裂或热油溅出伤人。

（3）使用的油通常是易燃物质，确保加热温度不超过油的闪点，要避免产生烟雾或油因过热而起火。

（4）油的使用量要适量，确保在升温过程中油不会溢出，同时确保加热管完全置于油中，避免干烧。

（5）确保热电偶/温度计置于油中并能准确测定油浴的温度。

（6）必须先加油后通电，严禁干烧。

（7）设置加热温度时，可以先将上限值设定在所需温度的85%处。由于温度有一定的上冲量，故可逐步调节至所需温度。温控系统进入升温或恒温状态都有相应的指示灯显示。

（8）在加热过程中，要充分搅拌油浴，以确保没有“过热点”，否则局部油浴温度过高，会导致设备损坏或引发火灾。

（9）将浴槽小心地安装在稳定的水平支撑物上，例如实验室升降台，可以升高或降低，不会使浴槽翻倒。铁圈不可用于支撑热油浴，以避免翻倒或滑动。

（10）将待加热装置夹在升降台浴槽的上方，如果反应开始过热，可以立即降低浴槽高度，更换浴槽内的油，无需重新调整装置位置。这样可以避免装置损坏或热油溅出伤人。

（11）在漏油时使用二次容器，以避免热油溅出伤人或引发火灾。

（12）处理热油浴时要戴上隔热手套，以避免烫伤。

（13）如果发现油浴达到使用寿命，性状发生改变（有水珠、分层、变黑、变黏稠等），混入有机溶剂或易燃物品，加热过程中冒烟或发生飞溅等，必须立即停止使用，并更换新油。

（14）要提前制定应急预案，如立即断电、灭火等。

9.5.7　烘箱

常见的实验室烘箱包括电热鼓风干燥箱和真空干燥箱（图 9-9）。电热鼓风干燥箱主要用于物品的烘焙、干燥、热处理和热加工，适用于科研单位、大专院校、化验室等进行干燥、烘焙、熔蜡、灭菌、消毒的操作场合，也可用于一般的恒温试验。其工作原理是通过电热元件加热空气，并通过鼓风机循环流动，使物料在高温下脱水干燥。

真空烘箱工作原理是利用真空泵进行抽气抽湿，使烘箱内形成真空状态，降低水的沸点，加快干燥的速度。这种烘箱特别适用于对热敏性物料和含有溶剂及需回收溶剂物料的干燥。

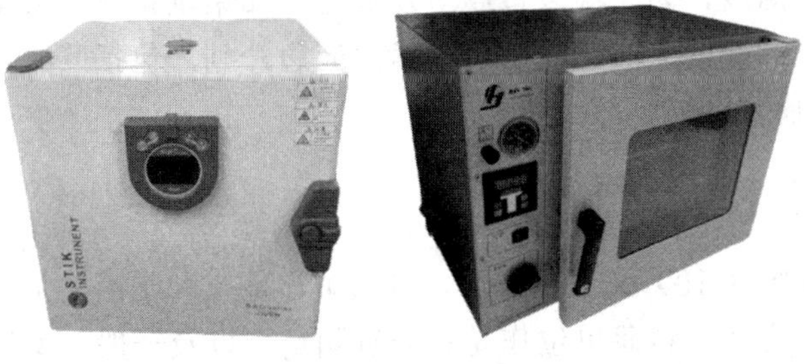

图 9-9　电热鼓风干燥箱及电热真空干燥箱

在使用烘箱时，需要注意以下几个方面的安全措施：

（1）切勿使用实验室烘箱制备食物，以避免食品污染和危害人体健康。

（2）实验室烘箱的构造应使其加热元件和温度控制装置与其内部加热环境物理隔离，以确保操作人员的安全。

（3）如果从烘箱中释放出有毒、易燃或其他危险化学品，则只能使用单通道设计的烘箱，将空气从实验室排出，排出的空气不允许与电气元件或加热装置接触。

（4）对于一些具有爆炸、自燃、毒性等危险性质的化学样品，应该采用特殊的干燥方法或设备进行处理。

(5) 为了避免爆炸，使用有机溶剂清洗过的玻璃器皿在烘箱中干燥之前，应该再用蒸馏水清洗一遍。这样可以避免有机溶剂在烘箱内部加热时产生爆炸或燃烧等危险情况。

(6) 双金属条温度计是监测烘箱温度的首选。水银温度计不应安装在烘箱顶部的孔中。如果水银温度计在烘箱中破裂，烘箱应立即关闭，并保持关闭直至冷却。应使用适当的清洁设备和程序将所有汞从烘箱中清除，以避免汞暴露。

(7) 加热易燃物只能使用加热套或蒸汽浴。这样可以避免易燃物在烘箱内部加热时产生爆炸或燃烧等危险情况。

【案例分析 9-7】陈旧烘箱故障引起火灾

案例概述：2009 年 4 月 8 日夜，中国某大学一化学实验室的一个烘箱突然发生爆炸。经过调查发现，事故原因是控温设备失效导致烘箱温度从 220 ℃上升到 250 ℃，水热釜内压力增大最终引发爆炸。

经验教训：对于使用控温设备的烘箱等设备，定期的设备检查和维护是至关重要的；在开启烘箱前，应检查其控温设备是否正常，并在使用过程中定期检查烘箱温度，防止温度过高引发危险；如果烘箱发生故障或爆炸，应立即切断电源并疏散人员，同时启动紧急应急计划，包括联系消防部门和其他相关救援机构。

9.5.8 马弗炉

马弗炉（图 9-10）又名箱式炉、电阻炉，是一种常用的加热设备，可供实验室、工矿企业、科研单位作元素分析测定，以及一般小型钢件作淬火、退火、回火等热处理时使用，高温马弗炉还可进行金属、陶瓷的烧结、溶解和分析等。

图 9-10 马弗炉

马弗炉按加热元件分类可分为电炉丝、硅碳棒、硅钼棒马弗炉；按额定温度分类一般分为 900 ℃、1000 ℃、1200 ℃、1300 ℃、1600 ℃、1700 ℃马弗炉；按温度控制器分类可分为 PID 调节控制表、程序控制表马弗炉；按保温材料分类可分为普通耐火砖和陶瓷纤维马弗炉。

以下是一些使用马弗炉时需要注意的安全要点：

（1）新炉的耐火材料里含有水分，在开始使用前，必须先在低温下烘烤数小时并逐渐升温至 900 ℃，且保持 5 小时以上，以防炉膛受潮后因温度的急剧变化而破裂。

（2）马弗炉加热时，炉外套也会变热，应使炉子远离易燃物，并保持炉外散热，谨防烫伤。

（3）使用马弗炉时，炉温不得超过额定温度，避免过热或长时间处于高温状态。过度加热可能导致设备损坏、使用寿命缩短，并增加火灾或爆炸的风险。

（4）在做灰化试验时，一定要先将样品在电炉上充分碳化后，再放入灰化炉（灰化炉是马弗炉的一种）中，以防碳的积累损坏加热元件。

（5）确保温度传感器正常工作，并定期清洁和检查热电偶，以防止误差和故障。

（6）使用马弗炉时，要经常照看，防止控温失灵造成事故。晚间无人值班时，切勿使用马弗炉。

（7）马弗炉使用完毕，应切断电源，使其自然降温。不应立即打开炉门，以免炉膛突然受冷碎裂。如急用，可先开一条小缝，让其尽快降温，待温度降至 200 ℃以下时，方可打开炉门。

（8）定期清理炉膛内的残留物和沉积物，以防止燃烧或爆炸的风险。

（9）应确保马弗炉放置在合适的位置，远离易燃物品、水源和人流密集区域。

（10）制定针对马弗炉可能发生的火灾、爆炸等紧急情况的应急预案。

9.5.9　管式炉

管式炉（图 9-11）是一种高温加热设备，适用于在一定压力下进行高温反应。它通常用于冶金、玻璃、新能源、磨具等行业。管式炉的加热方式可以是电加热、燃气加热等。除了加热速度快、温度控制精度高、热容量大外，管式炉还具有较好的密封性能，能有效防止气体泄漏和环境污染。

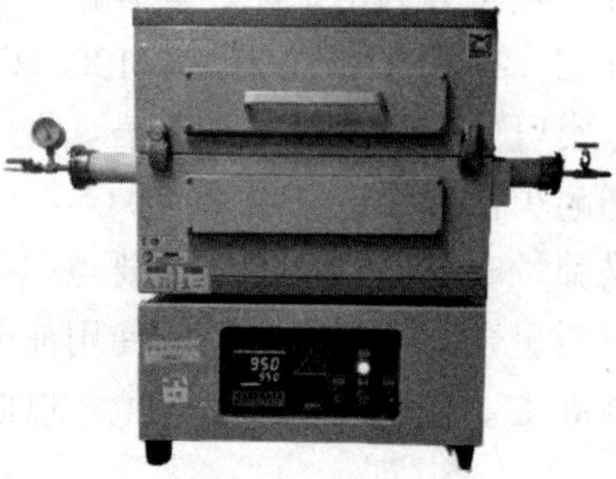

图 9-11　管式炉

管式炉使用注意事项如下：

（1）初次使用或长时间未使用时，需将管式炉加热至 120 ℃左右烘烤 1 小时，然后再加热至 300 ℃左右烘烤 2 小时，以免造成炉裂。炉温尽量不要超过额定温度，以免损坏发热体和炉衬。禁止将各种液体和溶解的金属直接倒入炉内。

（2）如果炉内真空度降低，可分别更换不锈钢法兰之间的耐温硅胶圈或重新安装不锈钢法兰或更换真空系统。

（3）低温段的加热速率不要太快，各温度段的加热速率差异不要太大，设定加热速率时要充分考虑烧结材料的物理化学性质，以免出现喷溅现象污染炉管，影响炉管的使用。

（4）要定期检查温控系统电气连接部分的接触是否良好，注意加热元件的各连接点是否紧固。

（5）管式炉应放置在空气流通处，保持炉膛清洁。

（6）热电偶不应在高温状态下拔出，防止热电偶外套管迸裂。

（7）如管式炉为真空密封构造，不可通入易燃易爆气体。

（8）不能将高温溶液漏到炉底上，可采用垫板或少许氧化铝粉阻隔。

（9）实验过程中，通过戴上隔热手套、口罩等防护措施，避免吸入高温有害蒸发气体。

（10）电炉在使用一段时间后，炉膛会出现细微裂纹，属正常现象，可用氧化铝涂层进行修补。

（11）在实验室中使用管式炉作为加热设备时，如果涉及易燃材料的加热，优选氮气作为保护气体。

（12）制定针对管式炉可能发生的火灾、爆炸等紧急情况的应急预案。

9.5.10　热风枪

实验室热风枪是一种重要的实验设备，主要用于干燥玻璃器皿、加速蒸馏过程、吹干薄层色谱板及加热升华装置（图 9-12）等实验操作。其工作原理是通过电机驱动风扇将空气吸入，经过电加热灯丝加热后吹出，提供热风来达到干燥、蒸发或加热的目的。

实验室热风枪的使用注意事项如下：

（1）加热元件过热或短路可能导致火花或火灾。因此，使用热风枪时要保持警觉，并随时观察加热元件的工作状态。

（2）在开启或关闭热风枪时，电机转动可能会产生电火花。因此，在使用热风枪时，务必远离易燃材料，包括易燃液体、有易燃蒸汽的敞口容器或用于处理易燃蒸汽的通风橱。

（3）家用吹风机的设计和实验室热风枪不同，家用吹风机无法承受高温和高压的环境，也不具备实验室热风枪的特定功能。因此，家用吹风机不能代替实验室热风枪。

（4）热风枪这种手持式加热装置应该有接地故障电路断路器保护。这种保护措施可以在电流异常时自动切断电源，防止触电事故发生。

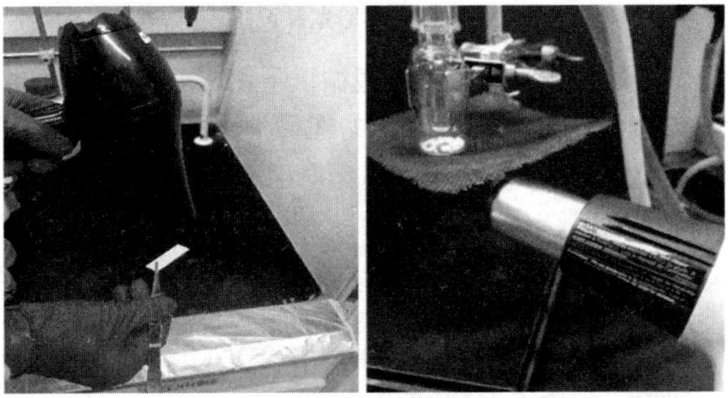

图 9-12　热风枪用于吹干薄层色谱板及加热升华装置示例图

9.5.11　微波炉

实验室使用微波炉（图 9-13）进行实验可以快速、均匀地加热样品，提高实验效率，操作简单方便，节省空间，是实验室中常用的加热设备之一。

在实验室中使用的微波炉可能会造成下面几种不同类型的危害：

（1）火花风险。微波炉内的高频电磁波在加热过程中，可能会在金属表面或其他导电物体上产生电火花。如果附近有易燃物质，就可能引发火灾。

（2）金属电弧。由于微波炉内的高频电磁波与金属表面相互作用会产生电弧。这些电弧可能会点燃附近的易燃材料，引发火灾。

（3）材料过热。微波炉的加热方式是通过高频电磁波使物体内部的分子振动，从而使物体加热。如果物体内部的热量无法及时散发，就可能导致物体过热并着火。

（4）容器破裂。装入微波炉的密封容器，在加热过程中也会因膨胀而产生压力，从而可能产生容器破裂的风险。

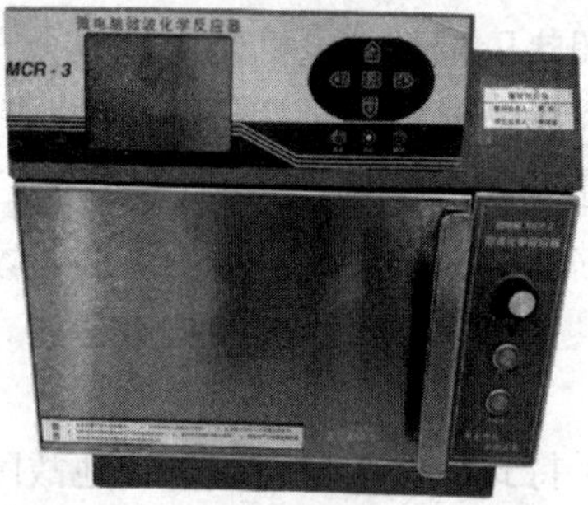

图 9-13 实验室微波炉

为了减少微波炉的危害风险，应遵循以下使用准则：

（1）为避免接触高频电磁波，切勿在微波炉门打开的情况下操作微波炉。这是因为微波炉在工作时会产生高频电磁波和热量，如果微波炉门打开，可能会对人体造成危害。

（2）微波炉门和密封处必须保持绝对清洁，以防止微波泄漏和火灾事故。

（3）不要将微波炉同时用于实验操作和制备食品。

（4）将微波炉电气接地。如果需要使用延长线，则只能使用额定值等于或大于微波炉额定值的三芯线。

（5）请勿在微波炉中放入金属容器和含金属的物体（例如搅拌棒），因为它们会引起电弧。

（6）不要使用微波炉加热密封的容器。即使加热一个松着盖子的容器，也会构成一个重大风险。因为微波炉可以非常迅速地加热材料，盖子可能从螺纹处滑落并发生爆炸。

（7）将准备进行微波加热的容器的螺丝帽打开。如果必须保证容器的无菌性，使用棉花或泡沫塞盖住容器，也可在容器上盖薄膜以减少迸溅的可能性。

9.6　光源

9.6.1　红外灯

红外灯（图 9-14）是一种特殊的加热灯，其工作原理是利用红外线灯泡的热辐射来加热物体。这种加热方式具有高效、快速、节能等优点，因此在许多领域都有广泛的应用。在材料领域，红外灯可以用于各种材料的加热和干燥，例如塑料、橡胶、陶瓷、玻璃等。通过照射这些材料，红外灯能够使其快速加热，从而达到加工和成型的目的。同时，红外灯还具有温度可调、热量均匀等优点，因此可以有效地提高生产效率和产品质量。

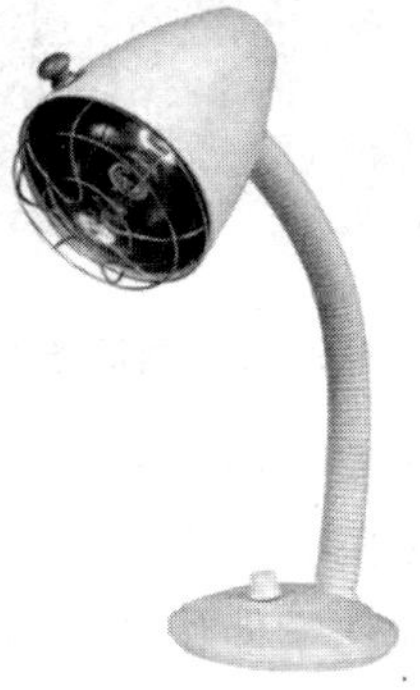

图 9-14　红外灯

使用红外灯时，需要注意以下几点：

（1）不同材料对红外线的吸收和反射特性不同，因此需要根据不同材料选择合适的红外线加热灯型号和功率，以达到最佳效果。

（2）红外灯的红外辐射对人眼有一定的危害性，特别是近距离、长时间的直接照射。因此，在使用红外灯时应避免将其直接对准眼睛，以免造成眼睛损伤。

（3）长时间使用红外灯，尤其是高功率红外灯，会使设备过热，影响其正常使用寿命。因此，在使用过程中，应适当控制使用时间，避免长时间连续使用。

（4）过于潮湿的环境可能会影响红外灯的正常使用寿命。因此，红外灯应避免安装在过于潮湿的环境中。

（5）红外灯使用一段时间后，可能会积累灰尘和污垢，影响其性能和使用寿命。因此，应定期进行维护和清洁。

9.6.2 氙灯光源

氙灯光源（图 9-15）是一种利用氙气放电发光的光源，具有高亮度、高色温的特性。氙灯的主要部件包括灯泡、电极、热丝等，其工作原理是高压电流通过电极激发氙气分子，使其处于激发态并释放能量，最终转化为可见光。氙灯光源具有节能环保、高效光电转换效率等优点。

图 9-15 氙灯光源

以下是一些氙灯光源的主要应用领域：

（1）氙灯光源可以模拟太阳光的光谱，通过光解水产生氢气。

（2）氙灯光源可以用于光化学催化反应和光化学合成反应，从而加速化学品的合成和生产。

（3）氙灯光源可以用于光降解污染物和污水处理。

（4）氙灯光源可以用于为植物提供光照，促进植物的生长和发育。同时，也可以用于动物饲养和动物实验，提供适宜的光照环境。

（5）氙灯光源可以用于光学检测，如光谱分析和化学分析等。

（6）氙灯光源可以用于各种模拟日光加速实验，如材料老化实验、生物医学实验等。

为确保氙灯光源正常安全地使用，需要注意以下事项：

（1）灯泡后端的尖锐凸起是灯泡的密封部分，用于保持灯泡内的气压。需要防止这个部分因撞击导致灯泡破裂或漏气。

（2）开机前检查电流表指针是否在最低位置，开机后再缓慢调整电流表以稳定光源的亮度。这可以确保光源的电压和电流处于安全范围内，避免因过高或过低的电压或电流对光源造成损害。

（3）氙灯光源在工作时会产生大量的热量，如果风扇发生故障，光源可能会过热并导致损坏，甚至可能引起火灾等安全事故。因此，在开机前和光源运行中都需要确保风扇处于工作状态。

（4）在氙灯光源运行过程中，由于其内部的高压和高亮度，搬动光源可能会导致灯泡破裂或电路故障，从而引起安全问题或导致实验数据的误差。因此，在光源运行中禁止对其进行搬动。

（5）氙灯光源的亮度非常高，直接观察出光口可能会对眼睛造成伤害。因此，在光源运行时，不要直接观察出光口，而应该通过反射镜或光纤等装置来观察光斑情况。如果需要观察光斑情况，务必戴好防护眼镜以保护眼睛。

（6）氙灯光源在工作时会产生大量的热量，散热器的表面温度可能会很高，同时，滤光片表面也可能会有光线照射，直接触摸也可能会灼伤皮肤。因此，在光源运行中不要触摸散热器和滤光片的表面。

（7）在干净整洁的环境中使用氙灯光源，避免细小的物件或灰尘等从灯箱上方的散热孔中掉入灯箱内部，以免影响光源的正常散热和运行。

9.6.3　LED 光源

LED 光源（图 9-16）具有很高的灵活性和可定制性，可以根据不同的需求选择不同的发光芯和照射头，实现不同类型的光输出。其中，准单色光输出和白光输出是 LED 光源的两种常见光输出类型。

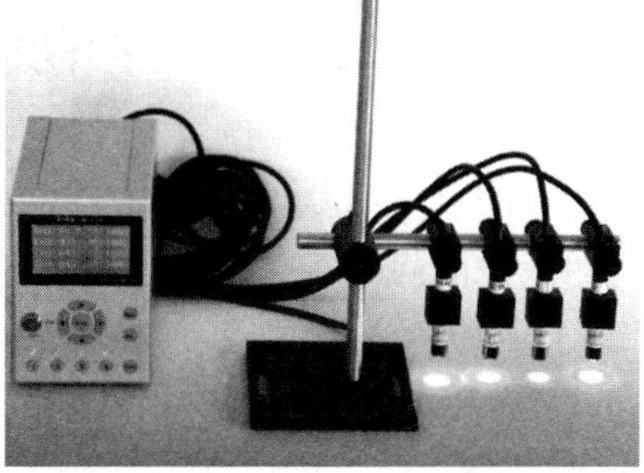

图 9-16　LED 光源

准单色光输出是指 LED 光源发出的光线只包含一种或几种特定波长的光，这种光输出常用于需要特定波长光线的应用中，如光化学研究、光学检测等。而白光输出是指 LED 光源发出的光线包含多种波长的光，这种光输出常用于需要模拟自然光的场合，如照明、影视拍摄等。

照射头是 LED 光源的重要组成部分，不同的照射头可以实现在不同方向上的光线输出。例如，点光源照射头可以实现向一个点聚焦的光线输出，适用于需要集中光照的场合；线光源照射头可以实现沿一条直线方向的光线输出，适用于需要长条形光照的场合；面光源照射头则可以实现均匀分布的光线输出，适用于需要大面积光照的场合。

LED 光源的光谱范围比太阳光谱范围窄，这使得 LED 光源在某些特定波长下的光化学研究具有更高的精度和效率。在光化学实验中，使用单波长的 LED 光源可以更好地控制实验条件，探究光催化量子效率等光化学参数。

LED 光源的使用注意事项如下：

（1）LED 光源的亮度虽然通常较低，但长时间直接照射眼睛或皮肤可能会对眼睛或皮肤造成损害。因此，应避免 LED 光源直接照射眼睛或皮肤。

（2）LED 照射头和控制器是经过特殊设计和制造的，如果拆解这些部件，可能会导致 LED 光源的光泄漏和漏电，从而造成安全隐患。

（3）为了保持 LED 光源的正常运行并延长其使用寿命，需要定期清洗照射头和控制器。使用稀释剂、挥发油、丙酮、煤油等化学物质可能会对 LED 光源造成损害导致影响其性能。建议使用柔软的棉布沾上少量的乙醇，小心擦拭。

（4）在安装或拆卸 LED 照射头时，必须先切断电源，以避免触电或短路等危险情况。

（5）在一个干燥、通风、无高磁场和高电场的环境中使用 LED 光源以避免可能的干扰和影响其性能。

（6）使用厂家专门配备的直流电源作为电源适配器，避免因使用不合适的电源而导致的安全问题或性能问题。

（7）在 LED 光源运行过程中，不允许更改如电流、电压等参数设置，以确保 LED 光源的稳定性和安全性，避免意外情况的发生。

（8）在使用 LED 光源时，应仔细阅读并遵守相关的操作规程和安全指南。

9.7　低温设备

9.7.1　冰箱和冰柜

实验室经常需要低温下保存各种样品，如血液、组织、细胞等，以防止细菌繁殖、蛋白质变性等影响。此外，有些实验需要在低温下进行，如低温化学反应、低温物理实验等。使用冰箱或冰柜可以提供稳定的低温环境，确保实验的准确性和可重复性。

以下是关于冰箱和冰柜使用的一些建议：

（1）不相容的化学品和溢出物释放的蒸汽可能造成潜在的危险。应注意避免将不相容的化学品存放在同一冰箱或冰柜内，以防止发生化学反应导致危险。

（2）应定期清理冰箱和冰柜，避免溢出物积聚。

（3）只有指定为实验室使用的冰箱和冰柜才能用于储存化学品。这些冰箱采用特殊设计制造，例如使用重型电线和内部耐腐蚀，以帮助降低实验室发生火灾或爆炸的风险。实验室应指定专人管理和维护实验室冰箱和冰柜，确保其安全和正常运行。

（4）普通冰箱配有电风扇和电机，使其成为易燃蒸汽潜在的点火源，因此请勿将易燃液体储存在普通冰箱中。如果需要在储藏室内冷藏易燃物，应使用防爆冰箱（图 9-17），防爆冰箱将产生火花的部件设计在外部，可避免意外起火。

图 9-17　防爆冰箱

（5）许多无霜冰箱都有一个排水管，会将水和任何可能溢出的材料带到压缩机附近可能会产生火花的区域。为冷冻盘管除霜的电加热器也会产生火花，因此应避免使用无霜冰箱储存化学品。

（6）存储化学品的冰箱里只贮存化学制品，不应用于食品贮存。冰箱应标明指定的用途，例如标签上标记“食物或饮料不应储存在这个冰箱里”。在冰箱里储存的材料应标注名称、所有人、获取或制备的日期，及潜在的危险。由于冰箱通常用于大批量小瓶子或试管保存，在冰箱外部应张贴清单作为参考。张贴在冰箱上的标签和墨水应是防水的。

（7）所有的容器应密封，最好带帽盖。容器应放在二次容器内，或使用收集容器。二次容器应稳固可靠，避免倾翻或泄漏。

（8）在断电等紧急情况下，应采取措施确保实验室安全。

9.7.2 循环制冷机

循环制冷机（图 9-18）是一种高效的制冷设备，它通过循环制冷剂和水来实现热量的转移。在制冷剂循环系统中，液态的制冷剂吸收水中的热量后开始蒸发，然后被压缩机吸入并压缩，之后通过冷凝器散热，最终变成液体。这个过程不断重复，使得热量从低温热源转移到高温热源。在水循环系统中，水泵的作用主要是将水从水箱里抽到需要冷却的设备中，水将热量带走之后再回到冷冻的水箱之中。

图 9-18 循环制冷机

使用循环制冷机时需要注意以下事项：

（1）操作人员应熟悉循环制冷机的结构和工作原理，了解其基本操作要求和安全注意事项。

（2）在操作前，需检查循环制冷机各部位的电源是否接通，并确认设备的接地正常。

（3）检查循环制冷机的冷却介质是否足量且符合要求，并确保冷却介质的纯度符合要求，注意导热介质不能混入水分，避免造成故障。

（4）定期更换导热介质，建议使用同型号的介质，避免不同型号不同品牌的导热介质导致循环制冷机堵塞。

（5）检查循环制冷机的排放管道和阀门是否畅通，消除堵塞和泄漏现象。

（6）在操作过程中，应保持操作环境通风良好，确保设备的散热效果良好。

（7）启动时应按照先低后高的顺序逐渐增加电机的转速，注意观察设备各部位工作的情况。

（8）清理设备上的积水和冷却介质，防止堵塞和腐蚀设备。

（9）操作人员应穿戴符合要求的 PPE，如防护眼镜、防护手套等。如遇到紧急情况，应立即停机并采取相应的应急措施。

9.7.3　冷冻干燥机

冷冻干燥机（图 9-19）利用了低温蒸发的原理，通过将材料在低温下冷冻，使得其中的水分子结成冰晶，然后通过真空蒸发的方式，使冰晶从材料中升华，变为水蒸气，并通过真空泵抽出，这样就可以获得干燥的材料。这个过程有助于长时间保存材料，同时保持材料原始性质和活性。

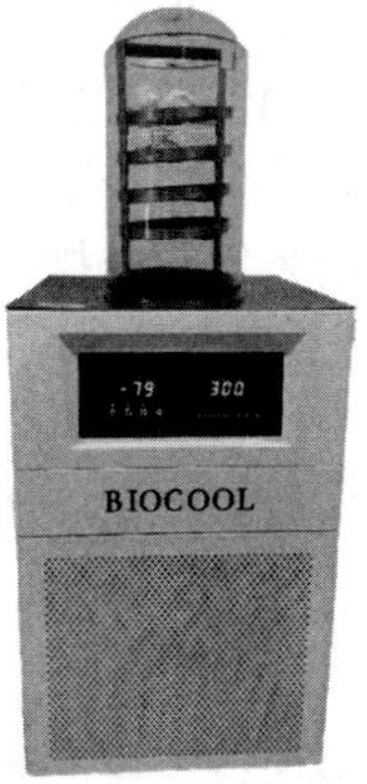

图 9-19　冷冻干燥机

冷冻干燥机的工作流程如下：

（1）冷冻阶段。将物料冷冻，使其中的水分子结成冰晶。这一过程通过降低温度降低了水的活动性。

（2）减压阶段。在真空环境下，使冰晶从材料中升华，变为水蒸气。这是通过降低环境压力实现的。

（3）收集水分。通过低温冷阱，将水蒸气冷凝为冰，便于收集。

（4）完成干燥。经过冷冻和升华阶段后，大部分水分被移除，材料得到干燥。

冷冻干燥机的优势主要在于能够在低温和低压下完成干燥过程，这对于一些热敏性物质来说非常重要。这种技术在食品、药品、生物样本等领域应用广泛。

以下是使用冷冻干燥机的一些具体注意事项：

（1）在冻干处理前，需要将准备干燥的样品置于低温冰箱或液氮中，确保样品完全冰冻凝固，再进行冷冻干燥。这样可以确保材料在冷冻干燥过程中保持稳定的形态，避免因升华过程产生过多的内部压力而导致的材料结构被破坏。

（2）主机与真空泵之间通过真空管连接，连接前需在橡胶圈上涂抹适量的真空硅脂，再用金属卡箍卡紧，以确保良好的密封性能，避免漏气。

（3）在使用前，要检查真空泵，确认已加注真空泵油，真空泵不可无油运转，油量不得低于油镜的中线。同时保证主机冷阱上方的“O”型密封橡胶圈清洁。使用前检查真空泵中泵油量，如泵油变成黄褐色应及时更换。

（4）在真空泵抽真空的过程中应保证仪器体系的密闭性，双手轻微按压玻璃罩。这是为了确保仪器的密闭性并避免漏气。

（5）待冷阱中的冰化成水后，要将冷阱中的水排出。同时，为了保持冷阱的清洁和干燥效果，冷阱中的杂质和未排出的水应及时处理。

（6）真空泵在不使用时应该盖上排气口，以保护真空泵并延长其使用寿命。

（7）冻干机的工作温度应该保持在适宜的范围内，过高或过低的工作温度都会影响冻干机的性能。同时要关注冻干机的进风温度，过高或过低的进风温度会影响冻干机的性能。

（8）冻干机的使用环境应该保持干燥、通风良好，潮湿、缺氧的环境会影响冻干机的使用寿命。

（9）在使用冷冻干燥机之前，应根据材料的种类和水分含量，选择相应的干燥温度和时间。操作时应注意室内温度、湿度和气流的变化，并及时调整。

（10）注意排除杂质，以免影响干燥效果。同时要关注干燥样品的完整性，以免破坏干燥样品的结构。

（11）使用仪器必须用水作为溶剂，严禁干燥强酸、强碱及有机溶剂样品。用过的样品盘要及时清理。

（12）冷冻样品溶剂时水不宜过多，否则升华冰块可能堵住抽气口，影响冷冻干燥过程中的真空度。

9.8　搅拌混合及分离设备

9.8.1　搅拌和混合设备

在实验室中，为了实现各种反应物的均匀混合或保持特定的反应条件，常常需要使用各种搅拌和混合设备。如图 9-20 所示，实验室中常见的搅拌和混合设备包括搅拌电机、磁力搅拌器和摇床等。这些设备可以确保实验的准确性和可重复性。

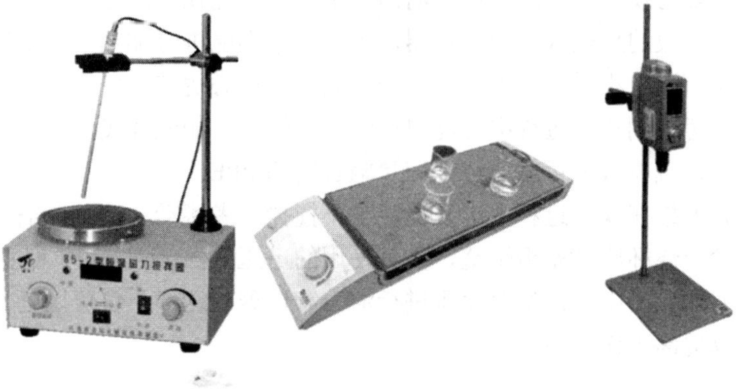

图 9-20　磁力搅拌器、摇床及搅拌电机

（1）搅拌电机：搅拌电机是一种常见的搅拌设备，通过旋转搅拌棒来混合各种反应物。它可以用于液体、半固体或高黏度反应物的混合。搅拌电机通常配有多种不同形状和大小的搅拌棒，以适应不同的混合需求。

（2）磁力搅拌器：磁力搅拌器利用磁场的旋转效应来旋转搅拌子，从而实现反应物的均匀混合。这种设备特别适用于在加热或冷却过程中需要混合的实验操作。磁力搅拌器通常配备一个磁性搅拌子。

（3）摇床：摇床是一种用于混合大量样品或在特定温度和振荡速度下进行微生物培养的设备。它可以模拟摇晃或振动条件，使样品充分混合或促进微生物生长。摇床通常具有可调节的温度控制和振荡速度控制功能。

为了避免电火花的产生，只能使用无火花感应电机作为搅拌和混合装置或其他旋转设备的动力驱动。虽然目前市售的大多数搅拌和混合装置中的电机都符合这一标准，但它们的通断开关和变阻器类型的速度控制装置会产生电火花。因此，为了确保实验室的安全，需要特别注意这些设备的控制装置。

实验室磁力搅拌器的使用注意事项如下：

（1）电源插座应采用三孔安全插座，必须妥善接地，并且在使用之后要及时切断电源。

（2）调速时应由低速逐步调至高速，不要高速档直接起动，以免搅拌子不同步，引起跳动。如果没有特殊需求尽量使用中速运转，这样可以延长搅拌器使用寿命。

（3）中速运转可连续工作 8 小时，高速运转可连续工作 4 小时，工作时防止磁力搅拌器剧烈震动。

（4）磁力搅拌器的应当保持清洁和干燥，不能让溶液进入机器内部。

（5）一般的加热式磁力搅拌器，不搅拌时不能进行加热，70℃以上连续加热不得超过 2 小时。操作过程中注意高温，小心烫伤。

（6）考虑到实验过程中可能出现的突发情况，如液体飞溅、物料飞出，及释放有毒气体或者可燃气体，应穿戴合适的 PPE。

（7）如果在搅拌过程中出现搅拌子不搅拌或者跳动的情况，需要切断电源然后检查烧杯底部是否平整，并且使用的电压要保证在 220V 左右。

（8）在使用中要定期对设备进行清洁和保养，这样不仅可以延长使用寿命还可以提高工作效率。

9.8.2 超声波清洗器

实验室常见的超声波设备为超声波清洗器。超声波清洗器（图 9-21）是一种利用超声波的物理特性进行清洗的设备。它通过将电能转换成机械振动，使得清洗液中的微小气泡振动并产生冲击波，从而对物体表面进行清洗。

实验室超声波清洗器的使用注意事项如下：

（1）超声波清洗器电源及电热器电源必须有良好接地装置。

（2）超声波清洗器在清洗槽中没有水或溶剂时，千万不要启动，否则会造成空振，导致振动头损坏或报废。

（3）有加热系统的超声波清洗器严禁无清洗液时打开加热开关。

（4）禁止用重物（如铁件）撞击清洗槽槽底，以免能量转换器晶片受损。

（5）超声波清洗器电源应单独使用一路 220 V/50 Hz 电源，配装 2000W 以上稳压器。

（6）清洗槽底部要定期冲洗，不得有过多的杂物或污垢。

图 9-21　超声波清洗器

（7）超声波清洗器操作过程中请勿将手指放入清洗槽中，否则会感到刺痛或者不适。

（8）每次更换新清洗液时，待超声波起动后，方可洗件。

（9）采用清水为清洗液，禁止使用酒精、汽油或其他腐蚀性强、易燃、易爆的液体作为清洗液加入清洗器中，否则极有可能导致火灾等危险情况发生。

（10）当需要用腐蚀性或挥发性强的清洗液时，可采用间接清洗的方法。首先在清洗槽内加水，再将所需清洗液倒入适宜的容器内并放入被清洗物，然后将装有清洗液和清洗物的容器浸入清洗槽中，即可开始清洗工作。

9.8.3　离心机

离心机的工作原理主要是通过高速旋转，利用不同的物质在离心场中的不同离心力和向心力的作用，将不同的物质分离开来。例如，悬浮液中的固体颗粒和液体在离心力的作用下会形成不同的密度分布，从而实现分离。同样，两种密度不同且互不相溶的液体在离心力的作用下也会形成不同的密度分布，从而实现分离。离心机大量应用于化工、石油、食品、制药、采矿、煤炭、水处理和船舶等工业领域。

实验室中使用离心机及转子（图 9-22）的注意事项如下：

（1）在使用离心机之前，每个操作人员应经过培训并熟悉操作程序。

（2）确保离心机放置在坚固、平稳、水平且无振动的台面上。

（3）在运行前，检查转子是否有破损或裂纹，以及离心管是否符合要求。

（4）根据不同的样品和转子选择合适的离心速度和时间，以防样品损坏或离心机损坏。

图 9-22 离心机及转子

（5）离心管必须对称放入转子套管中，防止机身振动。若只有一支样品离心管，则需放置另外一支等质量的加水的离心管以保持平衡。

（6）启动离心机前，应先盖上离心机顶盖，然后才可慢慢启动。

（7）离心过程中需要密切观察离心机的运行情况，如出现异常情况需要及时停机检查。同时注意离心机的运行声音是否正常，如果出现震动，需要立即停机检查。

（8）每次分离结束，需等离心机停止转动后，方可打开离心机盖，取出样品。不可用外力强制其停止运动。

（9）使用结束后，每位使用人员都要清理离心机，包括关闭电源、清理溢出物等。

（10）离心易燃或危险材料时，离心机应处于负压的排气系统中。

（11）如果离心机长时间不使用，需要断开电源。再次使用时，需要先检查中轴承座润滑情况，如转不动则需要润滑中轴承座。

9.8.4 旋转蒸发仪

旋转蒸发仪（图 9-23）是实验室广泛应用的一种蒸发仪器，由马达、蒸馏瓶、水浴锅、冷凝管等部分组成。它是利用减压蒸馏的原理，通过降低环境压力来降低溶剂的沸点，从而实现温和的蒸发过程。

在蒸发过程中，电机带动蒸馏瓶在水浴锅中旋转，溶剂附着在蒸馏瓶的内壁上均匀受热。通过旋转的方式可增加溶剂的蒸发效率。旋转蒸发仪具有高效、温和、可重复性好等优点。由于其独特的旋转设计和均匀加热方式，它能有效地防止溶剂的突然爆沸，使蒸发过程更加稳定。此外，旋转蒸发仪还具有可调速和可调控加热的功能，操作者能够根据需要调节蒸发速度和温度。

旋转蒸发仪广泛应用于化学、生物、制药等领域。在化学合成中，它可用于去除反应混合物中的溶剂，得到纯化的目标产物。在生物实验中，旋转蒸发仪可用于浓缩溶液、去除溶剂或进行样品的预处理。在制药行业中，它可用于药物的分离和纯化。

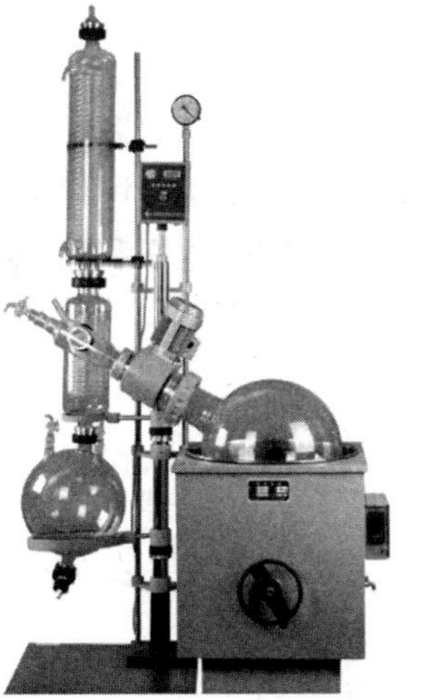

图 9-23　旋转蒸发仪

虽然旋转蒸发具有高效、温和等优点，但仍然存在一些潜在的危险：

（1）旋转蒸发过程中会产生高温和高压，如果玻璃器皿存在缺陷或质量问题，就可能会导致器皿破裂或爆炸。此外，如果操作不当或设备出现故障，也可能会导致玻璃器皿破裂或爆炸。

（2）溶剂在加热和旋转的过程中会产生大量的气体和蒸汽，如果这些气体和蒸汽不及时排出或处理不当，就可能会导致化学品飞溅或泄漏。

（3）旋转蒸发过程中会产生大量的有机溶剂蒸汽，如果这些蒸汽不及时排出或处理不当，就可能会导致火灾事故。

使用旋转蒸发仪时应遵循以下安全措施：

（1）不同的旋转蒸发仪可能有不同的操作要求和安全注意事项，始终阅读用户手册，确保遵循设备特定的SOP。

（2）始终穿戴PPE，其中包括安全眼镜、面罩、实验防护服和合适的耐化学品手套。

（3）使用旋转蒸发仪时，应逐渐增加转速和施加真空。突然增加转速或施加真空可能会导致溶剂飞溅或玻璃器皿破裂。

（4）仅使用没有裂纹、划痕、蚀刻痕迹和其他缺陷的玻璃器皿。

（5）冷凝器和接收瓶应涂有塑料涂层，以防止内爆时产生玻璃碎片。也可以在冷凝器周围放置塑料安全网防止碎片飞溅风险。

（6）由于旋转蒸发会产生大量有机溶剂蒸汽，因此最好在通风橱中进行，或者至少在局域排气罩下进行。并且采取必要的防火措施，如使用防火器材、禁止吸烟等。

（7）必须在进行旋转蒸发开始之前研究所用化合物的性质。例如有些化合物在干燥时会爆炸。此外，还需要了解所用溶剂的性质和特点，如沸点、密度、毒性等，以便更好地控制实验过程和预防危害的发生。

9.9 电机

在易燃蒸汽环境中，电机在启动、停止或故障时可能会产生火花。这些火花在易燃环境中是非常危险的，可能导致火灾或爆炸。为了避免这种情况，可以考虑以下几种解决方案：

（1）许多搅拌器、自耦变压器、烘箱、加热套、加热台和热风枪等实验室设备可能不符合无火花感应电机或气动电机的要求。因此，需要仔细检查这些设备，确保它们符合安全规范。如果可能的话，尽量避免在易燃环境中使用这些设备。

（2）如果条件允许，可以选择使用无火花感应电机的设备。这些设备在设计和制造时已经考虑到了防爆和防火的需求，可以降低潜在的危险。

（3）如果无法避免使用这些设备，可以考虑将电机放置在隔离区域内，确保易燃蒸汽无法与其接触。这可能需要额外的设备和措施来实现。

（4）对于一些陈旧的设备，可以考虑移除其上的开关，并在靠近插头端的电源线上插入一个开关。这样可以在一定程度上减少火花的产生。

（5）对于实验室人员，应进行充分的培训和教育，使他们了解在易燃环境中操作电机的潜在危险和正确的操作方法。

9.10　压力设备

9.10.1　水热反应釜

水热反应釜（图 9-24）又称高压消解罐，是一种压力容器，在化学实验室常利用罐体内强酸或强碱且高温、高压、密闭的环境快速消解难溶物质。

水热反应釜的釜体为 304 优质不锈钢，具有密封性好、安全系数高和使用简便等特点；内胆材质为聚四氟乙烯（PTFE），具有耐高温（使用温度-200～220 ℃）、耐腐蚀（耐强酸、强碱、王水和各种有机溶剂等）和无毒害等优点。

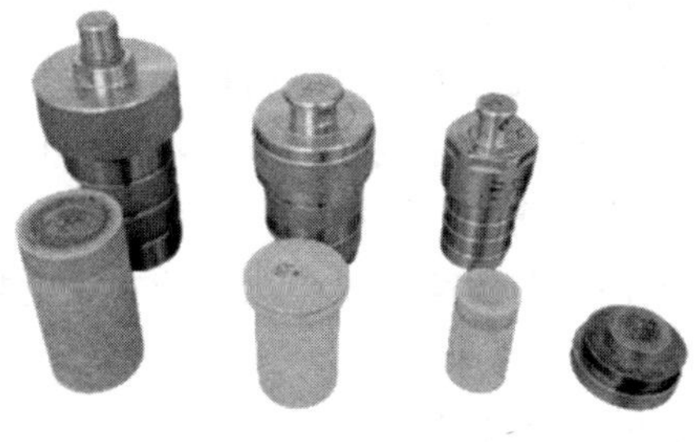

图 9-24　水热反应釜及内胆

水热反应釜具体操作步骤如下：

（1）将反应物倒入 PTFE 内衬中，并确保加料总体积小于内胆容积的 80%。

（2）确保釜体下垫片位置正确（凸起面向下），然后放入 PTFE 内胆和上垫片，拧紧釜盖，最后用螺杆把釜盖旋扭拧紧。

（3）将水热反应釜置于烘箱内，按照预定的升温速率升温至所需反应温度。反应最高温度必须低于安全使用温度。

（4）反应结束后，自然冷却至室温，才能取出水热反应釜，进行后续操作。

每次实验后，应及时清洗水热反应釜内胆，避免残留物对内胆造成腐蚀或导致影响下次实验结果。水热反应釜的常规清洗方法如下：

（1）水热反应釜每次使用后要及时清洗，内胆和不锈钢釜体分开处理。

（2）清洁釜体、釜盖螺线密封处要格外注意，不能沾水，以免锈蚀，并严防将其碰伤损坏。

（3）第一次清洗水热釜内胆时，在内胆中加入适量的水或碱，拧紧水热反应釜后，放入烘箱中。要慢慢地程序升温，不要迅速加热，也不可以升温过高（如大于 200 ℃），否则 PTFE 内衬容易变形。先在 150 ℃保持几小时，然后再在 200 ℃下保持几小时，随后取出自然冷却。之后再进行 200 ℃的实验温度时，水热反应釜的内胆就不会出现变形的情况了。

（4）清洗水热反应釜内胆内的固体残留物时，可先用水和毛刷清洗，然后用毛刷蘸去污粉刷洗，去除所有固体残留物后，然后用酒精及丙酮分别刷洗，最后水洗干燥。

（5）对于难以清洗的固体残留物，可加入能与残留物反应的稀酸或稀碱等试剂浸泡溶解或加热溶解（不超过 140 ℃），冷却至室温后加水清洗，再依次用酒精和丙酮溶剂清洗，最后干燥。

（6）对于难以去除的有机污垢，可以将拧紧的水热反应釜放入烘箱中加热至 200 ℃，使有机污垢在高温空气中燃烧，然后停止加热，冷却至室温。最后用水、酒精和丙酮依次清洗，干燥。

（7）其他难以处理特殊的残留物，应在专业人士的指导下选择特殊的清洗试剂安全清洗。

水热反应釜使用注意事项如下：

（1）使用 PTFE 材质的水热反应釜内胆时，使用最高温度不应超过 200 ℃。PTFE 在高温下容易发生热分解，导致性能下降。

（2）不锈钢釜体变形或裂纹可能会导致反应釜的密封性能下降，容易发生泄漏事故，同时也会影响反应釜的承压能力，增加破裂的风险。如果反应釜釜体已经变形或有裂纹，就不能再使用了。

（3）反应体系若有气体产生，如氮气、氢气等溶解性低的气体，不适合采用水热反应釜进行实验。

（4）严禁使用沸点低于 60 ℃的易挥发溶剂（如乙醚、丙酮、二氯甲烷）进行溶剂热反应，容易产生过高内压而发生爆炸。

（5）避免使用易燃、易爆或有毒性的反应物进行水热合成反应。

（6）在使用水热反应釜过程中，应注意观察反应情况，如有异常应立即停止加热，并进行相应的处理。

（7）水热反应结束后，应等待水热反应釜自然冷却至室温后，再打开釜盖进行后续处理。

（8）打开水热反应釜时，应穿戴适当的 PPE，以防止化学物质溅到身上或与皮肤直接接触。

（9）水热反应后，内胆的内壁容易附着反应物及产物，为了确保实验的准确性和避免交叉污染，水热反应釜内胆不应混用。

（10）在储存和运输水热反应釜时，应将其放置在干燥、避光的地方，避免受潮和阳光直射。

【案例分析 9-8】违规加热简陋水热反应釜

案例概述：2004 年 2 月 28 日，北京某大学科学楼发生了一起水热反应釜爆炸事故。调查发现，这次事故的主要原因是实验人员违规使用高温加热炉加热反应釜，同时反应釜本身制作简陋，安全性不足。现场损毁的水热反应釜及高温加热炉如图 9-25 所示。

经验教训：实验室应制定水热反应釜使用 SOP，操作前应对实验人员进行安全教育，确保实验人员在进行实验时遵循正确的步骤和程序；水热反应釜应定期检测维护。每次使用水热反应釜前，实验人员应认真检查设备，发现异常状况时，立即停止使用。已过检测期的水热反应釜，严禁使用。

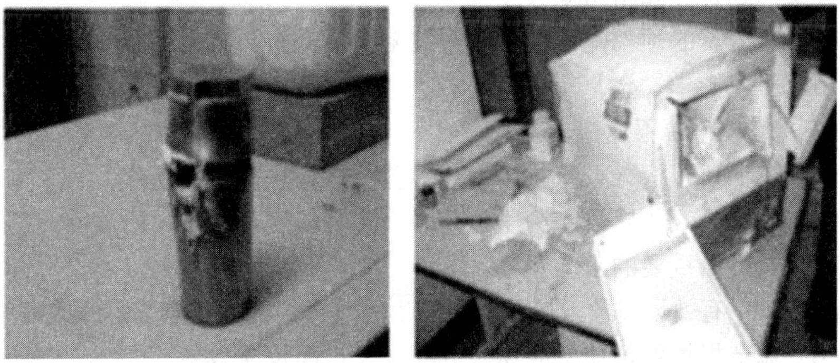

图 9-25　现场损毁的水热反应釜及高温加热炉

9.10.2　光催化高压反应釜

光催化高压反应釜（图 9-26）是一种特殊的化学反应釜，适于在高压条件下进行光催化反应，如光催化还原二氧化碳、光催化氧化有机物等。使用光催化高压反应釜可以提高反应速率和反应效率，缩短了反应时间，提高反应的安全性。

图 9-26 光催化高压反应釜

与普通反应釜相比，光催化高压反应釜可以实现在常压下无法实现的光催化反应，此外，光催化高压反应釜还可以利用高压反应软管收集反应气体，或者通过在线产物分析仪器进行实时的产物检测。

光催化高压反应釜具有以下特点：

（1）反应釜体通常由碳钢、不锈钢或钛合金等高强度、防腐蚀材料制成，确保设备的稳定性和耐用性。

（2）反应釜的顶部配备了全氟橡胶密封等密封装置，可以有效地防止气体泄漏，确保操作安全。

（3）光催化高压反应釜通常采用石英或蓝宝石等耐腐蚀、耐高压的材料，保证光源可以进入反应釜，为光催化反应提供能量。

（4）配备测温传感器和测压传感器，实时监测反应釜内的温度和压力，为操作人员提供重要的工艺参数。

（5）可以有效地排放反应过程中产生的气体，维持反应釜内的压力平衡。

（6）调节搅拌器可使反应物充分混合，提高反应效率。

（7）高压泵可将反应物泵入反应釜。

（8）当反应釜内压力超过预设值时，安全阀会自动打开，释放多余压力，确保安全。

光催化高压反应釜使用注意事项如下：

（1）光催化高压反应釜为高压反应容器，操作者必须经过安全教育培训后才能上岗。

（2）在光催化高压反应釜运行期间，操作者不得脱岗。

（3）实验完成后，必须先关闭总电源开关再取出反应釜，待冷却至常温和压力放空后再开盖。

（4）在使用光催化高压反应釜前，必须对釜体进行检查，确保其干净光滑，无颗粒物杂质，釜体表面无破损。

（5）充入气体时，务必确保光催化反应釜两侧阀门处于关闭状态。

（6）光催化高压反应釜应在指定的地点使用，并按照使用说明进行操作，工作压力要小于设计压力。

（7）要定期对光催化高压反应釜进行维护保养，检查各部件是否正常。

（8）使用甲烷、氢气等危险气体时，要确保光催化高压反应釜的安全性能良好，并注意远离明火。

【案例分析 9-9】违规打开高压反应釜致人员身亡

案例概述：2021 年 3 月 31 日，中科院某研究所发生了一起爆炸事故，一名同学因操作高压反应釜不当，未等待反应釜完全冷却便打开釜盖，导致反应釜在高温高压条件下发生爆炸，该同学不幸当场死亡。

经验教训：实验室应对实验人员进行安全教育培训，确保他们了解高压反应釜的原理、操作方法、安全风险及应急措施，实验人员必须经过考核合格后，方可独立操作高压反应釜；每次使用高压反应釜前，应认真检查设备的外观、紧固件、阀门、接口等部位，确保设备完好无损，检查设备的仪表和控制系统是否正常，如有异常，立即停止使用并报修。

9.11　真空装置——真空泵

真空泵主要是基于减少容器内的气体分子数量，从而降低压力，达到真空状态。

实验室中常使用真空泵去除容器或多管路中的空气和其他蒸汽，最常见的用法是连接在旋转蒸发仪、干燥管、冷冻干燥机、真空干燥箱、过滤装置等设备上。例如真空泵与真空干燥箱连接，样品在真空干燥箱中能在较低温度下除去样品中的水分及难挥发的高沸点杂质，以免样品在高温下分解；真空蒸馏即减压蒸馏，可以降低物料的沸点，使其在较低温度下进行蒸馏，适用于在高温下易分解的有机物的蒸馏；对难以过滤的物料，真空过滤可以加快过滤速度；此外真空泵还可用于需要抽真空的实验，如管道换气等。

实验室内常用的真空泵是油封机械真空泵（图 9-27）。使用该真空泵应遵循的一般准则如下：

图 9-27 油封机械真空泵

（1）真空泵由电动机带动，使用时应使电源电压与电动机要求的电压相符。对于三相电动机，送电前要先取下皮带，检查电动机转动方向是否相符，勿使电动机倒转，造成泵油喷出。检查完后，再连上皮带。

（2）开真空泵前先检查泵内油的液面是否在油孔的标线处。油过多，在运转时会随气体由排气孔向外飞溅；油不足，泵体不能完全浸没，达不到密封和润滑作用，对真空泵泵体有损坏。

（3）如果气体中含有可凝性蒸气（如水蒸气）、挥发性液体及腐蚀性气体（如 HCl、Cl_2 和 NO_2），为防止这些气体进入泵内，应在进气口前连接一个或几个净化器，按照实际需要安装无水 $CaCl_2$ 或 P_2O_5 以吸取水分，装石蜡油吸取有机蒸气，安装活性炭或硅胶吸取其他蒸气，安装固体 NaOH 吸取腐蚀性气体。

（4）真空泵运转时要注意电动机的温度，不能超过规定温度（一般为 65℃）。不应有摩擦和金属撞击声。停泵前，应使泵的进气口先通入大气后再切断电源，以防泵油返压进入抽气系统。

（5）真空泵排气中可能含有有害化学物质，因此应将真空泵的排气口连接到适当的吸附柱、排放管道或通风橱中，以避免直接排放到室内环境中。

（6）真空泵应定期清洗进气口处的细纱网，以免固体小颗粒落入泵内，损坏泵体，真空泵使用半年或一年后，必须更换真空泵油。

（7）真空泵的皮带等部件需要定期检查和养护，以确保其正常工作。如果发现皮带磨损或松弛，应及时更换或调整。另外，润滑油的定期更换也是非常重要的，可以延长真空泵的使用寿命。

（8）维修真空泵时，一定要遵循适当的工作程序，以确保维修质量和安全。首先，应关闭真空泵电源，并等待其冷却后再进行维修。其次，应按照制造商提供的维修手册进行操作，避免随意拆卸或更改部件。最后，维修完成后应进行测试和检查，以确保真空泵正常工作。

9.12　工程控制设备

工程控制是一种有效的实验室安全策略，可以减少或消除危险化学品暴露的风险。通过采用适当的工程控制措施，实验室可以最大限度地减少化学品的泄漏、挥发和扩散，从而保护实验人员的健康和安全。

以下是一些常见的工程控制方法：

（1）稀释通风。稀释通风是通过向实验室内部引入大量清洁空气，将空气中的化学品浓度稀释到安全水平的一种方法。这种方法适用于化学品挥发较少或暴露风险较低的实验室。

（2）局部排气通风。局部排气通风是通过在实验室工作区域设置排气罩或排风扇，将产生的化学品蒸汽或雾气直接排出实验室的一种方法。这种方法可以有效减少化学品暴露的风险，是实验室常用的工程控制措施之一。

（3）通风橱。通风橱是一种特殊的通风设备，能够在化学品操作过程中提供局部排气通风。它通常包括一个封闭的工作空间和一个排气系统，能够将产生的化学品蒸汽或雾气直接排出实验室。通风橱是实验室中重要的工程控制措施之一，可以有效减少化学品暴露的风险。

（4）手套箱。手套箱是一个封闭的工作空间，能够为实验人员提供保护，避免直接接触化学品。它通常配备有手套和观察窗，实验人员可戴上手套进行操作，同时观察实验过程。手套箱是一种有效的工程控制措施，可以减少化学品暴露的风险。

（5）安全防护罩。安全防护罩是一种保护实验人员免受化学品飞溅或扩散的装置。它通常安装在实验台或设备上方，能够有效阻挡化学品溅出或扩散，保护实验人员的安全。

（6）存储设施。适当的存储设施可以确保化学品在储存和使用过程中的安全性。例如，易燃、易爆、有毒有害的化学品应该分开存放，并存放在符合安全标准的储存柜中。储存设施应该具备良好的通风和排气系统，以减少化学品泄漏和挥发的风险。

9.12.1　通风橱

通风橱（图 9-28）是一种重要的实验室安全设备，可以保护实验人员免受实验室实验产生的物质（如气体、蒸汽、雾、烟）的影响。然而，仅仅在通风橱中进行实验并不能有足够的保护，必须正确使用通风橱。

图 9-28 通风橱

下面这些方法将有助于提升通风橱的使用效果：

（1）使用通风橱之前，应该检查空气流动指示器，以确保通风橱向内抽气。在使用通风橱之前，应检查空气流动指示器是否正常工作。空气流动指示器可以显示出空气表面速度的数据，并能够在表面速度降低时发出警报。如果没有安装空气流动指示器，可以通过在窗框的底部粘贴较轻的物体如薄纸来检查通风橱是否向内抽气。如果通风橱正常工作，该物体应向窗内偏移。

（2）在通风橱内操作时，应尽量减少存放的物品数量，保持至少 50 %的通风橱工作区域。这样可以确保通风橱内的气流畅通，有效地排除有害气体和蒸汽。

（3）如图 9-29 所示，在使用通风橱时，应将容器和设备放置在通风橱内，并尽量与脸部保持至少 15 厘米的距离。这样可以减少有害气体和蒸汽对实验人员的危害。

（4）在放置容器和设备时，应将其放在通风橱内能够减少对排气槽阻塞的区域。这样可以确保排气槽畅通，有效地排除有害气体和蒸汽。

（5）在使用通风橱时，如果可能，可以使用穿孔或开槽搁架将设备和容器提升到工作台面上方 10 厘米左右。这样可以尽量减少对气流的干扰，有效地排除有害气体和蒸汽。

图 9-29　通风橱使用的安全距离示意图

（6）在使用通风橱时，应保持实验室的门关闭，并减少在通风橱前的通行。这样可以防止气流干扰，使有害的蒸汽远离实验室人员呼吸的环境。

（7）在使用通风橱时，应尽可能拉低通风橱的门窗，以便有效地排除有害气体和蒸汽。如果不使用通风橱时，应将门窗关闭，最大限度地对潜在的飞溅和爆炸风险进行防护，并且能够节省电能。

（8）在通风橱内进行危险品的蒸发操作是禁止的。因为蒸发操作会产生大量的有害气体和蒸汽，可能会对实验人员造成危害。

（9）在倾倒易燃液体时，务必确保两个容器通过连接和接地相互连接。这样可以防止产生静电，导致易燃液体着火，造成危害。

（10）在涉及任何化学品时，应养成整理和立即清理所有化学品泄漏物的习惯。这样可以确保实验室内的清洁和安全，防止有害物质对实验人员造成危害。

（11）如果通风橱出现任何故障，应立即进行维修。如果不能正常工作，则通过在通风橱窗外张贴“请勿使用”的标志警示实验室中的其他人员，以防止造成危害。

（12）实验室的通风橱和生化安全柜（或组织培养罩）尽管外观看起来相似，但却是非常不同的装置。生物安全柜是专为防止人接触生物材料和防止人被生物实验污染设计的，通常对化学蒸汽不提供防护。因此，在使用时应了解其不同之处，正确使用。

（13）为了确保通风橱能够正常工作，必须每年进行检查和测试。在检查期间，应测量空气流速并与标准值进行比较，并进行烟雾测试以确保充分捕获。还应检查通风橱是否存在潜在的气流干扰，包括通风橱中的过度存储、排气槽堵塞、位于通风橱下拉窗附近的暖通通风口，以及通风橱是否处于人员行走频繁的位置。这样可以确保通风橱的正常运行，保护实验人员的健康和安全。

9.12.2 手套箱

手套箱（图 9-30）的设计旨在保护使用者，并在整个操作过程中保持密闭。它通常配备至少一副手套，用户可以通过手套在内部处理材料。手套箱还有一个前室，用于放置或取用材料。为了确保手套箱能够充分保护用户、环境和实验，定期维护和检查是必要的。

图 9-30 手套箱

以下是手套箱维护和检查的要点：

（1）检查手套。手套是手套箱中最重要的组成部分之一，因此应定期检查手套是否有切口、撕裂、裂纹和针孔泄漏。如果发现损坏，应立即更换手套。请注意，手套箱手套有很多种，其厚度、材料、尺寸等各不相同。因此，选择正确的手套非常重要。

（2）清洁手套箱。定期清洁手套箱内部和外部表面，以去除灰尘和污垢。使用适当的清洁剂和擦拭材料，避免使用有害化学物质或磨损性清洁剂。

（3）检查密封性能。手套箱的密封性能是其保护用户和环境的关键。因此，应定期检查手套箱的密封性能，确保其能够完全密闭。如果发现密封性能下降，应立即停止使用并修复或更换手套箱。

（4）校准和认证。根据制造商和监管机构的建议，对手套箱进行定期校准和认证。这可以确保手套箱的性能符合标准和要求，并能够提供准确的测量结果。

（5）维护记录。记录手套箱的维护和检查情况，包括日期、检查内容、发现问题和采取的措施等。这可以帮助追踪手套箱的性能和使用情况，及时发现潜在问题并采取相应措施。

9.13　专用机械设备

9.13.1　专用机械设备使用要求

机械设备尤其是机械加工设备在操作过程中可能会形成潜在的危险区域，因此必须配备适当的 PPE，如安全帽、防护眼镜、防护手套等。此外，机械设备应配置紧急停车开关，以便在发生危险时迅速地停止设备或工作部件的运行。所有电器设备都应按照《电力设备接地设计技术规程》（SDJ 8-79）的规定，做好接地或接零，或加装漏电保护设施，以确保操作人员的安全。

露天长期停放的机械设备及室内精密设备要用篷布、机罩盖好，以防止设备受到损坏或污染。

操作人员及实验人员必须熟知机械原理与构造及有关安全生产知识，操作机械设备时必须思想集中、严守岗位。在机械运转前必须检查各部件状态，确认良好，做好启动前的各项准备，并能随时停机处理后，方能启动使用。启动后要认真监视运转情况，发现有异常情况（如剧烈振动、异响、异臭、温度压力突变等）要立即停机检查，并向上级报告，待处理完后，方可继续使用。在机械未停止运转时，不准接触转动件并对其进行修理，以防止发生危险。机械停止运转后，应放松或复原带负荷的工作部件，以便进行下一次操作。

以下是专用机械设备使用的具体要求：

（1）机械设备的外形结构应尽量平整光滑，避免尖锐的角和棱。

（2）凡易造成伤害事故的运动部件均应封闭或屏蔽，或采取其他措施避免操作人员接触。

（3）为避免挤压伤害，直线运动部件之间或直线运动部件与静止部件包括墙、柱之间的距离，必须符合《机械防护安全距离》（GB12265-90）有关条款的规定。

（4）机械设备必须对可能因超负荷发生损坏的部件设置超负荷保险装置。超负荷保险装置可以在机械设备超载时自动断开电源或停止机械运动。

（5）机械设备根据需要应设置可靠的限位装置。限位装置可以在机械设备到达预定位置时自动停止运动或反转，从而避免事故的发生。

（6）高速旋转的运动部件应进行必要的静平衡或动平衡试验。静平衡和动平衡试验可以检测旋转部件的不平衡量，并根据需要进行调整，以防止旋转部件在运行过程中产生振动或失衡。

（7）由惯性撞击的运动部件必须采取可靠的缓冲措施，防止因惯性而造成的伤害事故。缓冲措施可以减少撞击力和冲击力，从而减轻对操作人员的危害。

（8）以操作人员所站立平面为基准，凡高度在 2 m 以内的各种传动装置必须设置防护装置，高度在 2 m 以上的物料输送装置和皮带传动装置应设置防护装置。防护装置可以有效地隔离操作人员与传动装置之间的接触，从而避免事故的发生。

总之，专用机械设备的使用要求是要确保机械设备的安全性和可靠性，保护操作人员的身体健康和生命安全。在使用机械设备时，必须严格遵守相关的安全规定和要求，确保机械设备的正常运行和操作人员的安全。

9.13.2 专用机械设备使用注意事项

以下是专用机械设备使用注意事项：

（1）严格遵守设备安全技术操作规程是保证机械设备安全运行的基本要求。操作人员必须熟悉机械设备的结构、性能、操作规程和安全要求，并严格按照规定进行操作。

（2）实验操作前必须按要求穿戴好 PPE，如身着工作服和工作鞋，长发者须戴工作帽，机械加工时禁止戴手套，车削及焊接时须戴防护眼镜，焊接训练须穿长袖衣服等。

（3）装卸工件时应确认设备已处于停机状态。结束后应将工具从工作位置退出，不得将工具、量具或其他物品遗留在设备仪表上或其内部。未了解机床性能或未经指导教师允许不得擅自触摸或启动任何设备（机床、电器、工具及量具等），不得随意改动机械设备的安全装置。

（4）设备运转时，严禁用手调整、测量工件或进行润滑、清除杂物、擦拭设备，严禁用手检查运动中的工具和工件，避免发生夹手等危险。

（5）操作人员在完成操作或因故停电时，应关闭所用设备的总开关，避免设备在无人看管的情况下发生危险。

（6）操作人员在发现设备工作不正常或出现故障时，应立即停机并报告指导教师，避免故障扩大或造成危险。

（7）操作人员在发生事故时，应迅速切断电源并保护好现场，避免事故扩大或造成更大的危害。同时应立即向指导教师报告，等候处理。

【案例分析 9-10】 违规离开致使设备承压后爆炸

案例概述：2010 年 6 月 9 日晚上 7 时 30 分左右，某实验室一台分析仪发生设备爆炸事故。一名研究生在给该仪器充入氮气后，未关闭瓶阀和减压阀便离开实验室，导致氮气持续充入仪器内，压力逐渐升高。当他返回实验室并试图关闭瓶阀和减压阀时，观察窗口的玻璃因无法承受高压而爆裂，碎裂的玻璃片割破了研究生的右手静脉和腹部，导致大量出血。爆炸的仪器如图 9-31 所示。

调查发现，操作违规是此次事故的主要原因。由于充气后未关闭氮气钢瓶的瓶阀和减压阀，导致仪器内的压力高于最高许可工作压力，观察窗口的玻璃因此无法承受高压而爆裂。此外，该仪器缺乏安全防护装置，特别是观察窗口较大，在高真空下工作，若能设置一个有机玻璃箱以罩住观察窗口，则可能避免因人为误操作导致过度充气而发生窗口爆裂的伤人事故。此次事故还暴露出实验室管理存在缺陷。实验室未能提供具体、准确的操作指南，如操作顺序、差错警示、充气时间、充气压力等。规范的操作规程是实验室仪器管理的重要组成部分，缺乏规范的操作规程可能会导致工作人员违规使用仪器或遗忘操作流程等问题的出现。

图 9-31　爆炸的仪器

经验教训：实验室应针对每一种设备提供详细、准确的操作指南，包括操作顺序、充气时间、充气压力等，使操作者能够明确了解并正确执行操作；对于任何实验设备，特别是在高压或高风险环境下，必须明确了解并严格遵守操作规程，不能有任何疏忽和大意；在操作高压设备时，操作者必须穿戴适当的 PPE，如防护服、手套、面罩等，以防止高压、高温或有毒物质对人体的伤害。

9.14 含汞设备

元素汞（Hg）或液态汞在许多科学研究和工业应用中都很常见。这些含汞设备包括温度计、气压计、扩散泵、血压计、恒温器、高强度显微镜灯泡、荧光灯泡、紫外线灯、电池、库尔特计数器、锅炉、焊接机等。这些设备中的汞发挥着重要作用，例如在温度计和血压计中作为测量介质，在荧光灯泡和紫外线灯中作为激发剂，在电池中作为电极材料等。

虽然许多小型含汞设备很容易识别，但对于较大的实验室设备来说，识别其是否含有汞可能更加困难。这是因为汞可能隐藏在设备的内部组件中，例如开关、仪表等。此外，一些设备可能并不会明确标注其含有汞，这增加了识别的难度。因此，在购买新设备时，请务必仔细阅读产品说明和安全数据表，以确定是否含有汞，含汞量多少。如果不确定设备是否含有汞，最好咨询制造商或专业人士的意见，以确保安全使用。

用不含汞的设备代替含汞设备可以大大降低潜在的危险性。目前市场上已经有许多不含汞的替代品可供选择，例如数字温度计、电子血压计、LED灯泡等。这些替代品不仅性能稳定，而且对环境友好，对人体健康无害。

含汞设备的使用注意事项如下：

（1）由于汞是一种无色、无味、有毒的金属元素，因此很难识别汞泄漏及泄漏造成的接触和交叉污染。在使用含汞设备时，需要特别小心，避免汞泄漏或溢出。如果不慎发生汞泄漏或溢出，需要立即采取措施清理，并遵循相关安全规定。在清理过程中，需要使用适当PPE和工具，以避免直接接触汞。此外，在处理含汞废弃物时，需要将其分类收集并送往专门的回收机构进行处理。

（2）汞的使用量通常远大于已知释放到环境中的数量。在使用含汞设备时，需要采取适当的措施，如密封设备、使用吸附剂等，以减少汞的释放和扩散。此外，需要定期对设备进行维护和检查，以确保设备的正常运行和减少汞的泄漏。在使用含汞设备时，也需要注意减少汞的使用量，例如使用低汞或无汞的替代品。

（3）人们可能不了解汞，因此可能没有接受过使用、维护、溢出、运输或处置安全教育培训，或者可能没有使用适当的工程控制或PPE。在使用含汞设备前，需要进行相关的安全教育培训和指导，了解汞的性质和危害，掌握正确的使用方法和处理方法。此外，在使用含汞设备时，需要采取适当的工程控制措施，如安装通风系统、使用密封设备等，以减少汞的暴露和危害。在培训过程中，需要强调PPE的重要性，并提供适当的PPE和工具。

（4）如果人类健康和环境没有得到适当的保护，就要承担法律责任。在使用含汞设备时，需要遵守相关法规和安全规定，确保设备的安全使用和处置。这些法规和安全规定包括环境保护法规、职业健康安全法规等。如果不遵守相关规定而导致环境污染或人体健康危害，将会面临法律责任和经济损失。因此，在使用含汞设备时，需要了解并遵守相关规定和要求。

为尽量减少汞泄漏的可能性接触，强烈建议实验室人员遵循以下准则：

（1）为了确保实验室人员清楚地知道哪些设备含有汞，需要对所有含汞设备进行明确的识别和标记。这可以通过在设备上贴上标签或在设备清单中注明来实现。标记应清晰、易于理解，并指明设备含有汞以及应注意的安全事项。

（2）为了确保实验室人员能够正确地使用、维护、运输和处置含汞设备，需要制定详细的SOP。

（3）实验室人员需要接受相关的安全教育培训和指导，了解汞的性质和危害，掌握正确的使用、维护、运输和处置方法。

（4）定期检查设备的外观是否有破损或磨损，连接处是否有松动或泄漏，密封件是否完好无损以确保无泄漏。

（5）考虑使用电子或其他部件替代汞。例如，可以使用数字温度计代替传统的水银温度计，使用LED灯泡代替荧光灯泡等。

（6）在使用含汞设备时，需要穿戴适当的PPE，如丁腈手套、防护眼镜等。这些PPE可以有效减少汞的接触和危害。在穿戴PPE前，需要检查其是否完好无损，并在使用过程中定期更换。

（7）为了预防汞的泄漏和扩散，可以使用二级容器（如托盘）来承载含汞设备。二级容器可以有效收集泄漏的汞，避免其扩散到周围环境中。在使用二级容器时，需要注意其材质和大小是否适合承载含汞设备，并在使用过程中定期检查和更换。

（8）为了应对可能发生的紧急状况，如汞的溢出或泄漏，需要制定详细的应急预案。应急预案应包括：应急联系人的信息和联系方式，应急处理流程和方法，应急设备和材料的准备和使用方法，应急疏散和撤离的计划和路线。

（9）在长期储存、运输或处置含汞设备之前，需要先对其进行净化并去除汞。这可以通过专业的回收机构或处理方法来实现。在处理过程中，需要注意遵守相关法规和安全规定，确保处理过程的安全性和环保性。

9.15 洗眼器和紧急淋浴器

9.15.1 洗眼器使用步骤

洗眼器是一种用于紧急冲洗眼睛的设备。在发生眼部灼伤或接触有害物质的情况下，洗眼器可以提供快速冲洗眼睛的水流，以帮助冲洗掉有害物质，并缓解症状。洗眼器的使用很简单，一般包括以下步骤：

（1）如果有化学物质或其他物质进入眼睛，请立即取出隐形眼镜，立即走到最近的洗眼器，一直按住出水开关，冲洗至少持续 15 分钟。

（2）开始冲洗眼睛或其他暴露的地方。

（3）撑开眼睑，并对准洗眼器的喷头，转动眼球以达到最大限度的冲洗。

（4）继续睁开眼睛，让别人把水打开。在连续冲洗和温和的压力下，确保该物质从眼睛里冲洗掉。如果眼睛溅入氢氟酸，遵循氢氟酸特殊的处理措施（见 5.3.2.2 眼部接触氢氟酸处置步骤）。

（5）拨打急救电话，如果现场只有你一个人，在冲洗眼睛 15 分钟后再拨打急救电话。

9.15.2 紧急淋浴器使用步骤

紧急淋浴器是一种用于紧急冲洗身体的设备，通常用于处理化学物质溅在身体上或身体着火等紧急情况。它通常由一个大型喷头和一个供水系统组成。紧急淋浴器的使用可以迅速将有害物质从身体上冲洗掉，以减少损害。以下是紧急淋浴器的一般使用步骤：

（1）在发现化学物质或其他有害物质喷溅到身上时，应立即迅速离开现场，移至紧急淋浴器所在位置。

（2）在到达紧急淋浴器后，应立即将紧急淋浴器打开，同时解开衣领和腰带等，让水能够充分冲洗身体。

（3）身体各个部位应受到充分的水流冲洗，特别是接触到化学物质或其他有害物质污染的部位。在冲洗过程中，应不停地移动身体，并用手指搓揉皮肤，以帮助去除化学物质或其他有害物质。

（4）在冲洗过程中，应注意保护眼睛免受水流的冲击，可以用手掌轻轻地压住眼睛。

（5）保持冲洗至少 15 分钟很重要，以确保彻底冲洗干净。在紧急淋浴器关闭之前，应确认身体所有部位都得到了充分的冲洗。如果氢氟酸洒在身上，请遵循 5.3.2.1 皮肤接触氢氟酸处置步骤。如果你尝试帮助他人，应该戴上防护手套，避免被污染。

（6）冲洗完毕后，应马上穿上干净的衣服，并及时就医，进行进一步处理和治疗。

总之，在使用紧急淋浴器的过程中，应尽快将污染物质彻底冲洗干净，保障身体的安全和健康。所有使用危险化学品尤其是腐蚀性化学品的实验室，都必须设置洗眼器和紧急淋浴器。必须提供使用洗眼器和紧急淋浴器的指导说明，确保紧急淋浴器周边无任何障碍物，并能在 10 秒内到达使用。洗眼器及紧急淋浴器使用方式如图 9-32 所示。

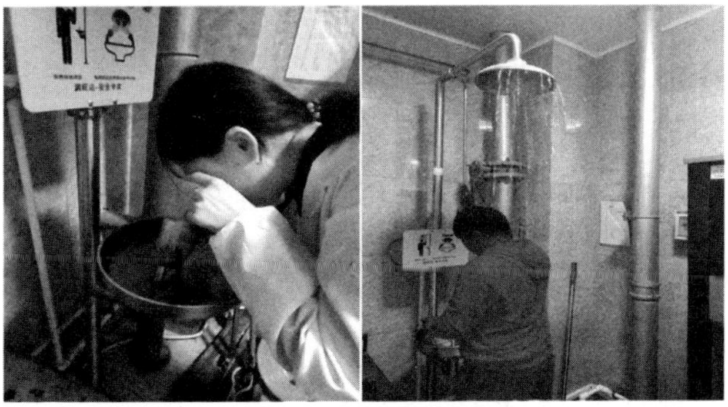

图 9-32　洗眼器及紧急淋浴器的使用示意图

9.15.3　洗眼器和紧急淋浴器的测试和检查

洗眼器和紧急淋浴器的测试和检查是确保其能够在紧急情况下提供有效的急救和紧急处理的关键。以下是关于洗眼器和紧急淋浴器的测试和检查的一些建议：

（1）定期检查。应定期检查水管、阀门、喷头、过滤器等部件，确保它们没有堵塞、老化或损坏等情况。

（2）流量测试。应定期进行流量测试，以确保其能够提供足够的水量和水压。流量测试应该在至少每年一次。

（3）水质检测。应定期对其供水管道进行水质检测，以确保水质安全，不含有害的细菌、化学物质或其他污染物质。

（4）操作测试。应定期进行操作测试，以确保其使用方法和程序正确。

操作测试应该包括使用手柄或把手启动淋浴器和洗眼器，确保喷头和喷口的位置正确。

（5）保养维护。应定期进行保养和维护，包括清洁、更换过滤器、防冻等，以保证其在紧急情况下始终处于良好的工作状态。

关于课程思政的思考：

实验室水、电及设备使用安全是实验室工作的重要组成部分，对于保障人员安全、维护实验室正常运行及保障科研成果的取得都具有重要意义。因此，我们应该高度重视实验室安全管理，建立完善的安全管理制度和操作规范，加强安全教育和培训，提高实验人员的安全意识和操作技能，确保实验室的安全和稳定运行。

参考文献

[1] 陈卫华，赵月华，王宁，等. 基于 150 起实验室事故的统计分析及安全管理对策研究[J]. 实验技术与管理，2020，37（12）：317-322.

[2] 谭小平，师琳. 新形势下高校实验室安全管理问题与对策[J]. 大学教育，2021（12）：190-192.

[3] 李育佳，章文伟，章福平，等. 高校化学实验室安全教育培训体系构建[J]. 实验技术与管理，2019，36（07）：232-234.

[4] 关旸，王林燕，陈亮，等. 实验室危险因素评估及安全准入管理探索[J]. 实验技术与管理，2017，34（05）：263-265.

[5] 郭万喜，高惠玲，唐岚，等. 高校实验室安全准入制度的实践与探索[J]. 实验技术与管理，2013，30（03）：198-200.

[6] Lewinn E B. Diazomethane poisoning: report of a fatal case with autopsy[J]. The American Journal of the Medical Sciences, 1949, 218(5): 556-562.

[7] 陈小娟，李厚金，瞿俊雄，等. 高校化学实验室安全标识的使用现状分析及改进建议[J]. 实验室研究与探索. 2024，43（09）：258-268.

[8] 万敏，车礼东，赵祖亮. 危险化学品包装的危险公示标签要素比对分析[J]. 包装工程，2017，38（11）：224-228.

[9] 王羽，张贺. GHS 在高校危险化学品安全管理中的应用[J]. 实验室研究与探索，2020，39（04）：289-292.

[10] 翟显，廖冬梅，杨旭升，等. 新工科实验室安全标志探究[J]. 实验室研究与探索，2021，40（06）：285-290.

[11] 郑媛，兰泉，冯红艳，等. 实验室个人安全防护——化学防护手套的选用及解析[J]. 大学化学，2021，36（02）：177-184.

[12] 徐孝健，吴星星，王红松. 实验室化学品防护手套的选择与使用[J]. 劳动保护，2020（08）：84-85.

[13] 赵晶晶，常健辉，王伟，等. 浅谈化学实验室的防护手套[J]. 科技创新导报，2011，28：128-129.

[14] 孟玉兰，宋学志. 高校化学化工实验室废液管理及治理[J]. 实验科学与技术，2021，19（06）：157-160.

[15] 中华人民共和国国家质量监督检验检疫总局，中国国家标准化管理委员会. 安全色：GB 2893-2008 [S]. 2008.
[16] 中华人民共和国国家质量监督检验检疫总局，中国国家标准化管理委员会. 化学品分类和危险性象形图标识通则：GB/T 24774-2009[S]. 2009.
[17] 中华人民共和国国家质量监督检验检疫总局，中国国家标准化管理委员会. 安全标志及其使用导则：GB2894-2008[S]. 2008.
[18] 中国化学品安全协会. 危险化学品编码与标识技术规范：T/CCSAS 047-2023 [S]. 2023.
[19] 中国预防医学中心卫生研究所. 职业性接触毒物危害程度分级：GB5044-85 [S]. 1985.
[20] 中华人民共和国卫生部. 职业性接触毒物危害程度分级：GBZ 230-2010[S]. 2010.
[21] 中华人民共和国国家质量监督检验检疫总局. 气瓶安全技术监察规程：TSG R0006-2014[S]. 2014.
[22] 中华人民共和国水利电力部. 电力设备接地设计技术规程：SDJ 8-79[S]. 2003.
[23] 国家技术监督局. 机械防护安全距离：GB12265-90[S]. 1990.